基于知识结构体系系列规划丛书

服装纸样设计
——基于知识结构体系

编著　陈曙平

西南交通大学出版社

·成　都·

<h2 style="text-align:center">内容提要</h2>

本书根据女装品种的分类和纸样设计学习的难易程度，分别介绍了原型、连身裙装、女衬衫、宽松女上衣、合体女上衣、紧身女上衣和女大衣等七种类型服装的纸样设计。其中选取的案例基本涵盖了女装纸样设计的经典，并且根据服装企业制版生产流程制定了纸样设计的分步骤图。

本书的纸样讲解以图示为主，简单明了、条理清晰且通俗易懂，可操作性极强。所以本书既可以作为服装相关专业的教材使用，也可以作为服装行业从业人员提高职业能力的技术参考书。

图书在版编目（ＣＩＰ）数据

服装纸样设计：基于知识结构体系／陈曙平编著．
—成都：西南交通大学出版社，2016.11
（基于知识结构体系系列规划丛书）
ISBN 978-7-5643-5087-1

Ⅰ．①服…　Ⅱ．①陈…　Ⅲ．①女服－纸样设计　Ⅳ.
①TS941.717

中国版本图书馆 CIP 数据核字（2016）第 254582 号

基于知识结构体系系列规划丛书

服装纸样设计
——基于知识结构体系

编著　陈曙平

责 任 编 辑	周　杨
助 理 编 辑	李秀梅
封 面 设 计	严春艳

出 版 发 行	西南交通大学出版社 （四川省成都市二环路北一段 111 号 西南交通大学创新大厦 21 楼）
发 行 部 电 话	028-87600564　028-87600533
邮 政 编 码	610031
网　　　　址	http://www.xnjdcbs.com
印　　　　刷	成都勤德印务有限公司
成 品 尺 寸	170 mm×230 mm
印　　　　张	11.75
字　　　　数	200 千
版　　　　次	2016 年 11 月第 1 版
印　　　　次	2016 年 11 月第 1 次
书　　　　号	ISBN 978-7-5643-5087-1
定　　　　价	39.80 元

课件咨询电话：028-87600533
图书如有印装质量问题　本社负责退换
版权所有　盗版必究　举报电话：028-87600562

前 言

作为长期在第一线从事服装纸样设计教学的老师，我们时常感到教学的困惑，当我们采用传统的制版教学模式时，会发现讲授课时时间长、任务重，且有些纸样小细节需要违反常规 1∶1 比例示范制版而采用 1∶2 比例或者更大比例制版才能让学生看清楚。尤其是当示范推板放码纸样时，由于班级人数较多，坐在教室后面的学生根本看不清楚示范；当采用服装CAD 制版教学模式时又发现虽然服装 CAD 系统软件能够随意放大缩小，很容易清晰地展示教学示范，但是会有学生因为走神没有听清楚要求而需要重复讲解；再有就是学生在服装 CAD 系统软件中掌握了纸样设计的方法步骤，但到了实践操作环节又发现自己忘了一些纸样设计难点操作的方法了。

我们尝试采用微课视频进行服装纸样设计教学之后，发现以上教学的困惑都可以解决，而且能更加准确高效地教学。微课视频这种教学资源累积的结果可以极大拓展学生的知识量，符合现代教学理念及学生的认知状况。

有的老师认为制版教学一定要采用传统的手工制版模式才能够将对服装纸样廓形的感觉和对线条的把握教授给学生。的确，初学者对纸样廓形的感觉和对线条的把握在服装 CAD 系统软件上确实难以准确体会，但是采用微课程视频加服装 CAD 教学模式可在有限的课时内提高知识总量，再辅助以实践操作，这也是服装纸样设计教学的一种有效尝试，相信也是服装纸样设计今后主流的教学模式。

本书根据女装纸样设计的特点及项目任务的内容进行编写，并加入制版学习中需要的项目任务分解图，以服装纸样基础版型入手，通过大量的实例深入浅出、循序渐进地讲解女装种类款式变化的纸样设计。本书的纸样讲解以图示为主，简单明了、条理清晰，且通俗易懂，可操作性极强，既可以作为服装相关专业的教材使用，也可以作为服装行业从业人员提高职业能力的技术参考书。

在本书的编写得到了全国十佳制版师郭龙超老师的大力支持，在此对郭老师及所有关心和支持本书的老师和同学表示感谢。

由于编写过程时间仓促，书中难免有遗漏和失误之处，欢迎广大读者批评指正。

重庆城市管理职业学院
陈曙平
2015 年 8 月 25 日

目　录

第一章 微课制作服装纸样的教学设计

第一节 微课概述

"微课"是指按照新课程标准及教学实践要求，以视频为主要载体，记录教师在课堂内外教育教学过程中围绕某个知识点（重点、难点、疑点）或教学环节而开展的精彩教与学活动全过程。

1. "微课"的组成

"微课"的核心组成内容是课堂教学视频（课例片段），同时还包含与该教学主题相关的教学设计、素材课件、教学反思、练习测试及学生反馈、教师点评等辅助性教学资源，它们以一定的组织关系和呈现方式共同"营造"了一个半结构化、主题式的资源单元应用"小环境"。因此，"微课"既有别于传统单一资源类型的教学课例、教学课件、教学设计、教学反思等教学资源，又是在其基础上继承和发展起来的一种新型教学资源。

2. "微课"的主要特点

（1）教学时间较短：教学视频是微课的核心组成内容。根据学习者的认知特点和学习规律，"微课"的时长一般为 5 ~ 8 分钟，最长不宜超过 10 分钟。因此，相对于传统的 40 或 45 分钟的一节课的教学课例来说，"微课"可以称之为"课例片段"或"微课例"。

（2）教学内容较少：相对于较宽泛的传统课堂，"微课"的问题聚集，主题突出，更适合教师的需要。"微课"主要是为了突出课堂教学中某个学科知识点（如教学中重点、难点、疑点内容）的教学，或是反映课堂中某个教学环节、教学主题的教与学活动，相对于传统一节课要完成的复杂众多的教学内容，"微课"的内容更加精简，因此又可以称为"微课堂"。

（3）资源容量较小：从大小上来说，"微课"视频及配套辅助资源的总容量一般在几十兆左右，视频格式须是支持网络在线播放的流媒体格式（如 rm，wmv，flv 等），师生可流畅地在线观摩课例，查看教案、课件等辅助资源；也可灵活方便地将其下载保存到终端设备（如笔记本电脑、手机、MP4 等）上实现移动学习、泛在学习，"微课"非常适合于教师的观摩、评课、反思和研究。

（4）资源组成/结构/构成"情景化"，资源使用方便："微课"选取的教学内容一般要求主题突出、指向明确、相对完整。它以教学视频片段为主线"统整"教学设计（包括教案或学案）、课堂教学时使用到的多媒体素材和课件、教师课后的教学反思、学生的反馈意见及学科专家的文字点评等相关教学资源，构成了一个主题鲜明、类型多样、结构紧凑的"主题单元资源包"，营造了一个真实的"微教学资源环境"。这使得"微课"资源具有视频教学案例的特征。广大教师和学生在这种真实的、具体的、典型案例化的教与学情景中可易于实现"隐性知识""默会知识"等高阶思维能力的学习并实现教学观念、技能、风格的模仿、迁移和提升，从而迅速提升教师的课堂教学水平、促进教师的专业成长，提高学生学业水平。就学校教育而言，微课不仅成为教师和学生的重要教育资源，而且也构成了学校教育教学模式改革的基础。

（5）主题突出、内容具体：一个课程就一个主题，或者说一个课程一个事；研究的问题来源于教育教学具体实践中的具体问题：或是生活思考；或是教学反思；或是难点突破；或是重点强调、或是学习策略、教学方法、教育教学观点等具体的、真实的、自己或与同伴可以解决的问题。

（6）草根研究、趣味创作：正因为课程内容的微小，所以，人人都可以成为课程的研发者。正因为课程的使用对象是教师和学生，课程研发的目的是将教学内容、教学目标、教学手段紧密地联系起来，是"为了教学、在教学中通过教学"，而不是去验证理论、推演理论。所以，决定了微课研发内容一定是教师自己熟悉的、感兴趣的、有能力解决的问题。

（7）成果简化、多样传播：因为内容具体、主题突出，所以，研究内容容易表达、研究成果容易转化；因为课程容量微小、用时简短，所以，传播形式多样（网上视频、手机传播、微博）。

（8）反馈及时、针对性强：由于在较短的时间内集中开展"无生上课"活动，参加者能及时听到他人对自己教学行为的评价，获得反馈信息。较之常态的听课、评课活动，微课可以"现炒现卖"，具有即时性。由于是课前的组内"预演"，人人参与，互相学习，互相帮助，共同提高，在一定程度上减轻了教师的心理压力，不会担心教学的"失败"，不会顾虑评价的"得罪人"，较之常态的评课就会更加客观。

3. 微课的"十大特征"

每个微课视频只讲授一两个知识点，没有复杂的课程体系，也没有众多的教学目标与教学对象，看似没有系统性和全面性，许多人称之为"碎片化"。但是，微课是针对特定的目标人群、传递特定的知识内容的，一个微课自身仍然需要系统性，一组微课所表达的知识仍然需要全面性。微课的特征有：

（1）主持人讲授性。主持人可以出镜，可以话外音。

（2）流媒体播放性。可以视频、动画等基于网络流媒体播放。

（3）教学时间较短。5~10分钟为宜，最短的1~2分钟，最长不宜超过20分钟。

（4）教学内容较少。突出某个学科知识点或技能点。

（5）资源容量较小。适于基于移动设备的移动学习。

（6）精致教学设计。完全的、精心的信息化教学设计。

（7）经典示范案例。真实的、具体的、典型案例化的教与学情景。

（8）自主学习为主。供学习者自主学习的课程，是一对一的学习。

（9）制作简便实用。可多种途径和设备制作，以实用为宗旨。

（10）配套相关材料。微课需要配套相关的练习、资源及评价方法。

第二节　服装纸样设计专业教学现状

1. 服装纸样设计常规教学模式以手工制版示范教学

我国服装专业教育从20世纪80年代开始至今已经初步形成了自己的教学体系和教学特色。服装纸样设计教学不管是本科教育还是高等职业教育还是中等职业教育，其教学模式都比较相似，基本上都是从服装结构基本原理到服装衣身原型、省道转移、领型、袖型变化直至典型款式如裤装、裙装、上衣、大衣的纸样设计，课程以讲解女装纸样设计为主，辅助讲解男装纸样设计，工业纸样设计、推板放码、排料只是稍微涉及。

服装纸样设计教学常用的教学模式是教师在黑板上以 1∶1 比例绘制纸样，学生们采用 1∶5 比例同步绘制，教师画在黑板上的制版，由于有许多线条和标注，有些部位不容易看清楚，学生在模仿时往往会出现各种各样的误差；由于教学时间有限教师只能保证大部分学生的学习进度，很难兼顾个体学生差异；虽然常规的制版教学操作直观容易模仿，但由于教师与学生的知识组织形式往往差异较大，特别是刚入门的学生对服装行业了解不够，对服装的理解只流于表面感性的认识，学生课堂上理解的与教师讲解的不一定一致，有的甚至是南辕北辙。

2. 改进后的服装 CAD 纸样设计教学模式

近年来，随着服装 CAD 技术的不断普及应用，我国服装专业院校也都开设了服装 CAD 课程，但是服装 CAD 课时数占纸样类课时总数很少的比例，而服装纸样设计课程大多数院校仍然沿用传统的手工制版模式。

近十年来，由于全球化发展知识流通顺畅，各大高校纷纷引进了国外的经验和教学，制版的理论知识跟以往相比更趋成熟，发展得很合理及完整，可以说现在的制版知识在以前的知识量总和的一倍以上，因此沿用以前的教学模式很难清晰完整将现代制版技术在教学中得以体现。

如今，服装专业课程教学有条件通过信息技术的手段形象生动地进行全方位的展示，将过去单纯用图形和线条展示的局限打破。为了更好地展示教学，建议采用服装 CAD 系统软件再辅助微课视频进行纸样教学。实践表明采用服装 CAD 系统软件辅助微课视频教学能够极大提高学生的学习效率，以前采用服装 CAD 系统软件教学会存在有些难点问题需要反复讲解阐释，而采用微课视频教学后这些问题都迎刃而解，因为学生可以反复观看，自主学习，极大减少了学生做项目作业时的差错率。

表 2-1 的项目任务是采用不同教学模式需要的教学课时比较及差错率比较：

表 2-1 不同教学教学课时及差错率比较

	常规纸样教学	服装 CAD 教学	服装 CAD 教学+微课视频
所需课时总数	16 课时	9 课时	6 课时
作业的差错率	优等生 5% 中等生 20% 差生 60%	优等生 0% 中等生 10% 差生 30%	优等生 0% 中等生 0% 差生 5%

注：（以制作女西装全套纸样教学时间为例。）

当然，采用"服装 CAD+微课视频"教学模式并不是摒弃传统的手工制版环节，因为对于初学制版的人来说，只是单一在服装 CAD 系统软件上学习制作纸样是完全不够的。初学者必须花费大量精力在手工制版上，将服装线条及结构琢磨透彻。新的服装纸样教学模式实际是"服装 CAD 教学+微课视频+手工制版"的三位一体的教学模式，是将采用"服装 CAD 教学+微课视频"节省下来的课时集中给手工制版环节，真正做到在"做中学—学中做"，极大提高学生的实践操作能力。

第三节　微课制作服装纸样需要的相关软件

制作服装纸样教学设计的微课程需要使用服装 CAD 制版系统软件、屏幕录制软件以及一些图像处理软件来帮助教师完成课件。

1. 服装 CAD 制版系统软件

目前服装 CAD 软件产品种类很多，常见的有美国格伯公司的 Gerber 软件、法国力克公司的 Lectra 软件、德国艾斯特公司的 Assyst 软件、深圳盈瑞恒科技有限公司的富怡 CAD 软件（见图 1-3-1、1-3-2）以及布易科技有限公司的 ET 软件（见图 1-3-3、1-3-4）。

我国服装院校（包括本科、高职以及中职）大多数采用深圳盈瑞恒科技有限公司的富怡 CAD 软件进行教学。本书的服装纸样也是采用富怡 CAD 系统绘制而成。

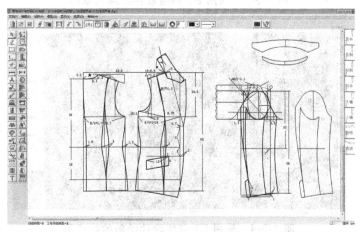

图 1-3-1　采用富怡 CAD 系统软件绘制的纸样

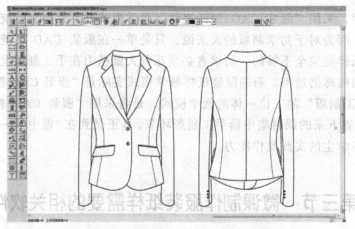

图 1-3-2　采用富怡 CAD 系统软件绘制的服装款式图

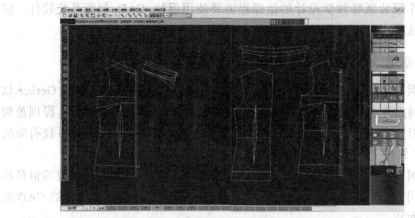

图 1-3-3　采用 ET 制版软件绘制的纸样

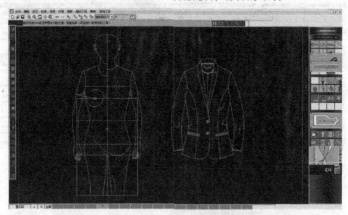

图 1-3-4　采用 ET 制版软件绘制的款式图

2. 屏幕录制软件

常见的屏幕录制软件有屏幕录像专家、超级捕快以及 Camtasia Studio 等（见图 1-3-5）。

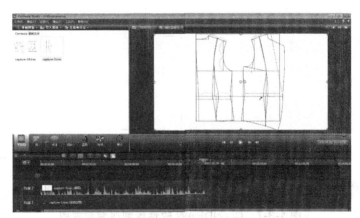

图 1-3-5 采用 Camtasia Studio 录屏软件进行剪辑

3. 图像处理软件

绘制服装效果图和款式图常见软件为美国 Adobe 公司旗下的 Photoshop 图像处理软件（见图 1-3-6）和加拿大 Corel 公司的 CorelDRAW 矢量图形制作软件（见图 1-3-7）。当然富怡服装 CAD 系统软件也可以进行服装款式图绘制，虽然非常方便，但是没有以上两个软件的功能强大，只能绘制基本的款式图。

图 1-3-6 Photoshop 图像处理软件处理服装效果图

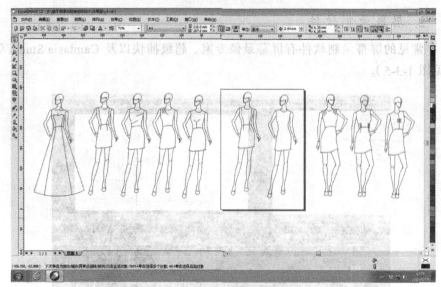

图 1-3-7　CorelDRAW 软件绘制服装款式图

第四节　微课制作服装纸样的教学设计原则及教学模式

1. 根据服装纸样设计教学特点，其微课制作的教学设计原则为

（1）课程内容短小精炼，课程时间控制在 10 分钟之内。

微课的教学设计要充分表现出"微"原则，具体表现在：在进行课程内容选择之前，应尽可能将课程内容细化，分割成一个个小的学习任务，最好一个学习任务只承载一个知识点，所选取的课程内容要短小精炼，讲解时间尽量控制在 10 分钟之内。每一节微课讲解一个知识点，但知识点之间也要相互连接起来，将相关联的几个知识点串联起来就完成一段课程内容的学习，将所有的知识点串联起来就可以完成服装纸样设计课程的全部内容学习。

在常规纸样教学中，连续授课时间是比较长的，因为制作一件衣服的纸样包括前后衣身、袖子以及领子的纸样设计，所以有些人认为纸样教学不适合进行微课教学。其实不然，从表面上看，一件衣服的全部纸样的确要花费很长时间才能完成，但是可以将其分割成几个小的任务时间段，比如后片衣身、前片衣身、袖片以及领片，还可以分割成面料版、里料版以及衬料版的制作。微课录制时要注意语言的精练，适当加快语速，展示纸样绘制示范时不要拖泥带水而要准确且一气呵成，所有的纸样经过任务段切割后完全可以在 10 分钟之内完成示范操作讲解。

（2）以学习者为中心的原则。

微课程是为学习者服务的，往往以学习者的最终学习体验为衡量课程效果的评定标准。在课程设计过程中，课程内容的选择、学习活动和各项资源的组织都要围绕学习者这个中心进行。在课程内容选择方面，应先了解学习者的学习需求，明确他们要的是什么；在学习活动和学习资源的组织上，要充分体现学习者的主体地位，调动学习者的学习主动性，激发学习者的学习兴趣。

服装纸样设计是一门操作性很强的学科，教学设计要完整体现实践操作整个流程，要做到先整体后局部细化到每个知识点，并且提供作业标准让学习者知道做到专业标准要达到的要求。

服装纸样设计的具体步骤为：首先展示项目任务的整体纸样结构图；其次是短视频快速演示绘制项目任务的全过程，再分解和强化成分技能，诊断薄弱或缺失的关键技能，进行专项练习的演示；再次分步骤展示纸样绘制过程，让学生分组绘制分步骤结构图。这样即从整体上给学生们一个项目任务完成的演示过程，又细化到每一个关键节点的绘制方法，之后循序渐进，逐级深入。

服装纸样设计的重点是为学生示范他们所期望的制版步骤，详尽地交代项目任务，检查学生对任务的理解，提供作业标准，以确保学生知道对他们的要求。项目任务设计要合理科学，任务难度要有梯度，符合学生的实际操作能力。特别要加强计算机辅助教学、多媒体及网络等现代化教学手段的应用，使得教学内容能够生动形象地演示出来，对学生视觉和听觉产生强烈的冲击，达到辅助并强化教学的效果。

比如项目任务为女西装的纸样设计，首先是分解项目任务，将女西装纸样分解为衣身结构框架、前后衣片、袖子和领子纸样设计等步骤，根据面里层次制作面料版、里料版以及衬料版，按照先主后次、先易后难、先大后小、先面料后里料的顺序层层递进。每个分步骤都有视频可供学生很直观地跟着学习操作，减少了误差率，学生有不懂的知识点可以随心所欲地暂停、倒退、

反复观看教学视频，符合学生个性化学习的需要，提高了学生自主性和独立完成项目任务的能力。教学实践表明，项目任务教学极大提高了学生的学习效率。

（3）以真实的项目任务为目标，提供逻辑框架及概念图。

制作微课视频进行纸样理论知识框架的讲解或梳理，让学生在一开始就建立对知识的整体把握。了解学生的知识组织，采用抽象原理模型帮助学生建立关系，提供多种任务让学生在任务中丰富自己的知识组织关系，借助信息技术如概念图，帮助学生将知识组织显现出来。一定要考虑到学生的学习节奏、学习时间和学习能力，明确标出学习目标和顺序，为教学设计的设置提供必选、可选、推荐，以为不同的学生提供帮助。

教学设计采用以项目任务为导向和以实践操作为导向的教学模式。

2. 服装纸样设计微课程教学设计模式

（1）以项目任务为导向的教学模式（见图 1-4-1、1-4-2）。

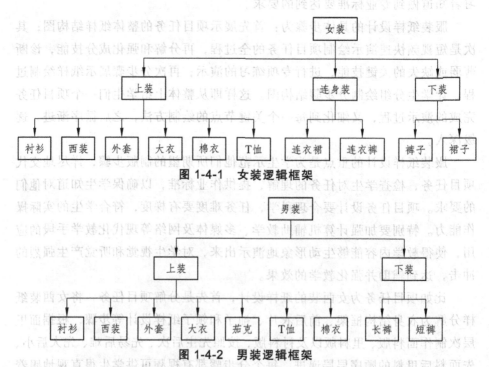

图 1-4-1　女装逻辑框架

图 1-4-2　男装逻辑框架

以上女装及男装两种逻辑框架囊括了服装纸样设计本书全部课程内容。

（2）以实践操作为导向的教学模式（见图1-4-3）。

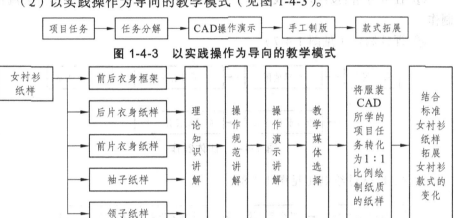

图 1-4-3　以实践操作为导向的教学模式

图 1-4-4　以实践操作为导向的教学模式步骤

3. 服装纸样设计微课程设计的步骤

（1）微课纸样设计的总体步骤（见图1-4-5）。

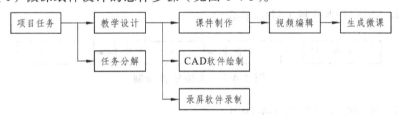

图 1-4-5　微课纸样设计的总体步骤

（2）微课纸样设计的分步骤。

① 项目任务：按照以项目任务为导向的教学模式中的项目任务总体类别来进行归类。在项目任务布置中一定要提醒学生隶属于哪个类别，这样可以在学生心目中树立起服装分类的概念。

② 教学设计（见图1-4-6）。

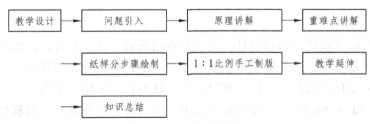

图 1-4-6　教学设计

③ 任务分解：按照以实践操作为导向的教学模式中女衬衫纸样分解流程制作。

④ 课件制作（见图 1-4-7）：

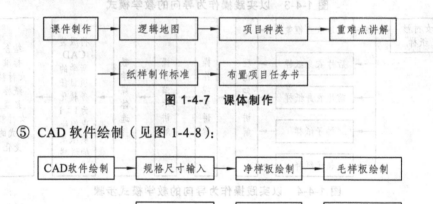

图 1-4-7　课体制作

⑤ CAD 软件绘制（见图 1-4-8）：

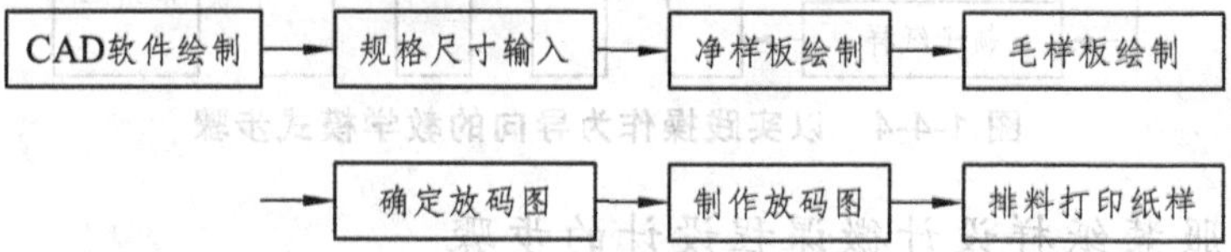

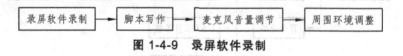

图 1-4-8　CAD 软件绘制

⑥ 录屏软件录制（见图 1-4-9）：

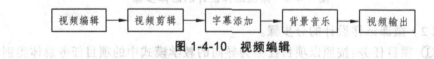

图 1-4-9　录屏软件录制

⑦ 视频编辑（见图 1-4-10）：

| 视频编辑 | 视频剪辑 | 字幕添加 | 背景音乐 | 视频输出 |

图 1-4-10　视频编辑

第五节　Camtasia Studio 屏幕录制的操作步骤

服装纸样设计微课程设计，主要是利用服装 CAD 软件示范纸样设计的操作方法及步骤，因此屏幕录制显得尤为重要；再有服装纸样设计项目任务的完成需要耗费较长的时间，所以将项目任务合理分解也很重要。

Camtasia Studio 是 TechSmith 旗下一款专门录制屏幕动作的软件，它能在任何颜色模式下轻松地记录屏幕动作，包括影像、音效、鼠标移动轨迹及解说声音等。另外，它还具有及时播放和编辑压缩的功能，可对视频片段进行剪辑、添加转场效果；它输出的文件格式很多，包括 MP4、AVI、WMV、M4V、CAMV、MOV、RM、GIF 动画等多种常见格式。而且与其他录屏软件相比，Camtasia Studio 比较浅显易懂，容易操作，其强大的整合录屏功能、编辑功能和简易操作模式，是制作视频演示的绝佳选择。

下面对 Camtasia Studio 录制纸样设计的步骤简单介绍：

1. 视频录制

（1）视频录制前的设置。

打开 Camtasia Studio 屏幕录制界面，点击录制屏幕选项（见图 1-5-1）。

图 1-5-1　Camtasia stuclio 屏幕录制界面

跳出录制对话框见图 1-5-2。

图 1-5-2　录制对话框

设置录制区域，最好是选用 1 280×720 分辨率，相当于 16：9 的宽屏效果（见图 1-5-3）。

图 1-5-3　设置分辨率界面

点选音频选项，设置麦克风音量（见图 1-5-4）。

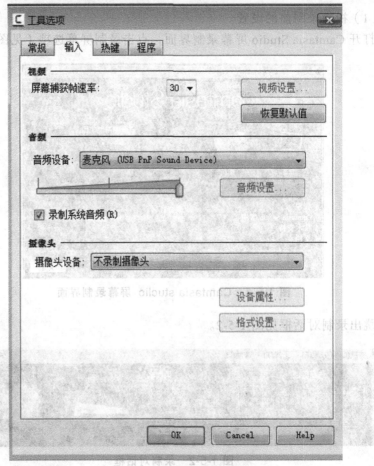

图 1-5-4　麦克风设置界面

仔细查看麦克风选项是否点选正确（见图 1-5-5）。

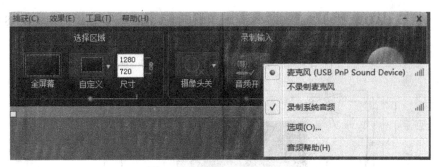

图 1-5-5　麦克风设置调节

设置完毕，服装 CAD 软件准备就绪，点选"rec"红色按钮开始录制（见图 1-5-6）。

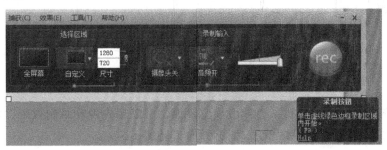

图 1-5-6　开始录制按钮

（2）视频的录制。

点选开始录制界面内会出现代表录制的绿色边框，当倒数到 1 之后正式开始录制，期间如果想停止录制，可按 F10 键（见图 1-5-7）。

图 1-5-7　录制界面

服装 CAD 软件可以适当缩小界面，以便能够全部录制操作（见图 1-5-8）。

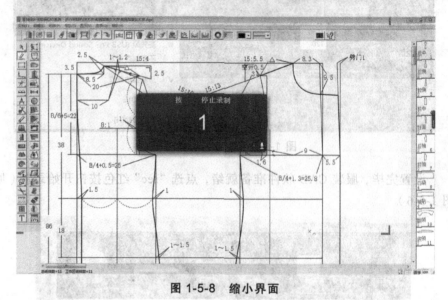

图 1-5-8　缩小界面

按 F10 键停止录制，会弹出预览界面，可以预先观看录制效果，如果效果满意，可以保存项目，进入编辑界面（见图 1-5-9）。

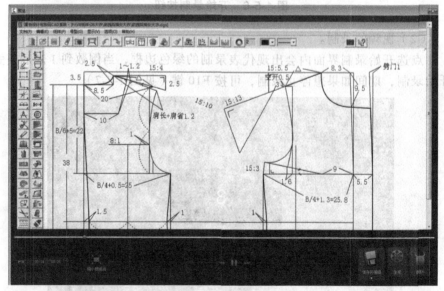

图 1-5-9　预览界面

2. 视频编辑

（1）打开软件（见图 1-5-10）。

图 1-5-10 打开软件

（2）导入媒体和插入视频（见图 1-5-11）。

图 1-5-11 导入视频

导入刚才录制的视频进行编辑，单击右键选择添加到时间轴播放（见图 1-5-12）。

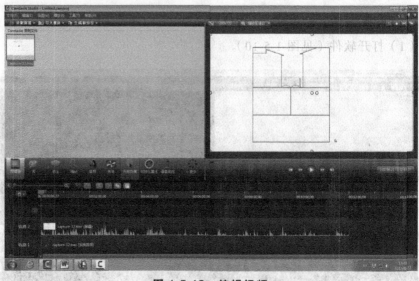

图 1-5-12　编辑视频

（3）视频剪辑（见图 1-5-13、图 1-5-14）。

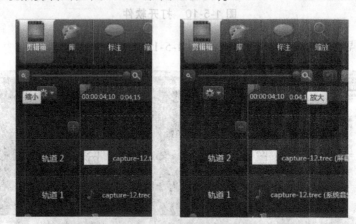

图 1-5-13　放大及缩小将视频进行分段剪辑

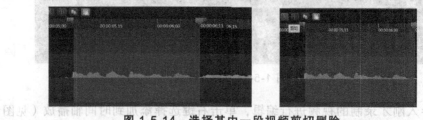

图 1-5-14　选择其中一段视频剪切删除

（4）分割视频（见图1-5-15）。

图1-5-15　分割视频

（5）音频调整（见图1-5-16）。

图1-5-16　音频调整

　　处理录制时的声音效果，可以启用噪音去除功能减少录制时环境的嘈杂声音。

（6）插入片头和音乐。

　　在库中选择片头，插入时间轴中编辑（见图1-5-17）。

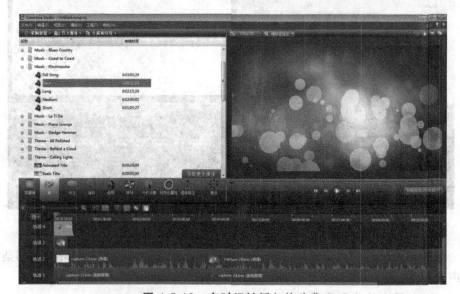

图 1-5-17　在时间轴插入片头

在库中选择片头曲，插入时间轴中编辑见图 1-5-18、1-5-19。

图 1-5-18　在时间轴插入片头曲

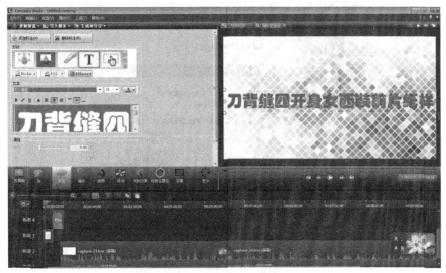

图 1-5-19　编辑片头名称

编辑好之后，全部选中时间轴的轨道，点选生成与分享（见图 1-5-20）。

图 1-5-20　编辑片头

3. 视频生成

（1）选择生成视频的格式：首选 MP4 格式（见图 1-5-21）。

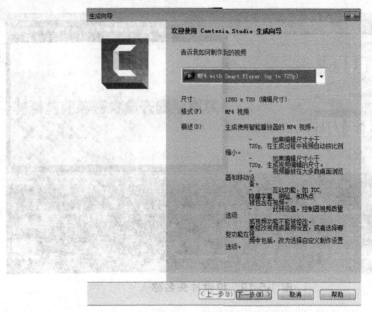

图 1-5-21　选择视频格式

（2）选择保存视频的名称和路径（见图 1-5-22）。

图 1-5-22　选择保存名称和路径

（3）生成视频文件，当渲染视频到100%时，即完成视频生成（见图1-5-23）。

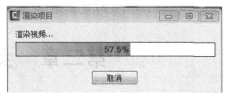

图 1-5-23 渲染视频

图 1-5-24 视频生成

第二章　女装原型纸样

原型即最简衣型，是衣服最简单形式的表现，主要表现的是人体与结构的关系。其中包含人体体型与结构设计的关系、面料与结构的关系以及工艺与结构的关系。

通常说的原型指的是上衣原型。上衣原型可分为：梯式原型和箱式原型。

梯式原型：将胸省与肩省表现在胸围线以下。属于第五代、第六代文化原型，它将肩省与胸省糅合在腰省中，在应用时容易产生混淆，如图 2-0-1。

箱式原型：属于第七代、第八代文化原型，将肩省和胸省独立分开，省的位置分配较为合理，在应用时容易表现（见图 2-0-1）。

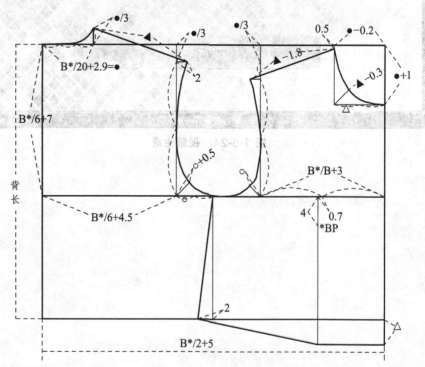

图 2-0-1　梯式原型

不管是梯式原型还是箱式原型（见图 2-0-2），都是以日本文化式原型为基准制作的，不一定符合我国女性的体型特征。

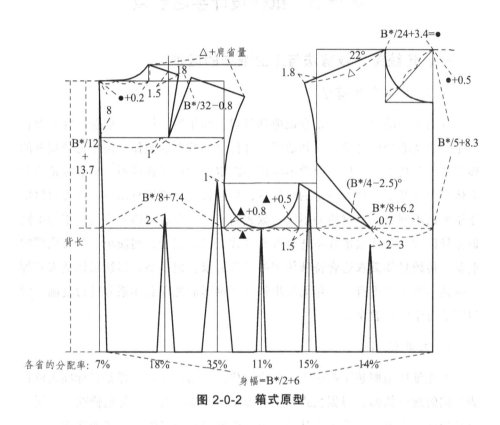

图 2-0-2 箱式原型

原型的名称分类有：文化式原型、登丽美原型、母型、基型和胸臀式原型。

原型的建立方法为：

（1）胸度法：原型各部位的尺寸、比例均按照胸围来推算。胸度法的缺点是不能表现个体差异，优点是易于原型的推广和运用，适用于工业生产。

（2）短寸法：原型的建立依据是来源于体型的精确测量，适用于个体开店。

为了让初学者能够方便快捷的掌握纸样设计的方法，全书服装纸样制作采用标准模台为 165/84A 的尺寸规格进行绘制。

第一节　纸样设计学习要点

一、传统量体裁剪法与工业纸样的区别

1. 传统量体裁剪法

针对单个的消费者，结合裁剪师傅对不同年龄、体型、职业、穿着习惯和不同消费心理的经验积累和揣摩来进行量体裁衣的制作。由于每位顾客的体型等实际情况不一样，因此不能建立固定模式的纸样样板，只能在量取的人体净尺寸基础上加放一定的放松量，按公式法推算进行制图。而加放量由于季节的不同、面料材质的不同、款式的不同、穿着习惯的不同、年龄不同而差异巨大；公式法推算不适合所有款式，只适用于造型简单、款式成型的制版。传统量体裁衣适合特殊体型的消费需求，成本高。传统量体裁衣式师傅带徒弟的模式没有三五年无法出师，很难形成规律和体系并进行复制，所以不适合学院式教学。

2. 工业纸样

工业纸样是服装生产进入工业化时代的产物，工业纸样是以标准人体作为基础的规格依据，根据款式图制版即头版纸样，经过反复的修改、试制、审核确认后再放大、缩小成其他号码，即推板放码最终成为工业样板。

工业纸样最显著的特点是：在基码上放大或缩小成其他各号型规格来满足不同要求的消费者，就是以人来适应成品的衣服。适合大众体型的消费需求，工业纸样可以通过反复试制和修改来达到最完美的效果，并通过批量生产来降低成本。

在实际工作中，纸样分为底稿、头版纸样、复板纸样和大货纸样。头版纸样是指必须经过试制和修改达到满意效果的纸样，不存在什么"一版成型"的说法。复板纸样是指通过二到三次以上修改的纸样。大货纸样是指决定放码或已经放好码的纸样。

二、制版教学的方法与特点

1. 从平面到立体

服装是人的第二层皮肤，人体结构是由很多的凹凸面组成的，服装造型解决的就是带有很多凹凸面的立体人体与平面的面料之间的关系。要搞清楚立体的人体与平面的纸样之间的关系，不管是平面制版还是立体裁剪，都是平面和立体之间的转换关系。我们采用的原型制版方法也是通过大量的立体裁剪的实例再分析总结而得出的普遍规律。

一千个人有一千个不同的人体特征，同一个人也会出现左右肩、胸、手臂、脚等的不对称，因此学习服装设计和制版的学生在了解人体正确地量体，掌握不同地区不同年龄阶段人体的体型特征等都很重要。

版型综合训练的第一步是给一个标准体的人打版，即 165/84A 的模台，从紧身到合体到半宽松再到宽松，这是训练对服装放松量的把握，即对相同的体型不同的松量、不同风格样板的把握和驾驭能力。版型综合训练的第二步是给相同的款式不同的人制版，锻炼不同体型、不同的身体结构特征在样板上的不同体现以及如何根据人体调节样板的方法。版型综合训练的第三步要结合材料、工艺以及服装风格进行训练。一个好的版型师要精通版型、要懂设计、懂工艺、懂市场还要有审美情趣，制版的练习要有数量的积累。

2. 从立体再到平面

立体裁剪是先立体再平面的调整，是先立体修正再平面定版的过程。因此作为服装制版的学习，不管是平面制版还是立体裁剪都要通过大量的练习。在学习平面制版时，一定要把真实的样衣做出来，立体成型后试穿，体会每一根线条在服装和人体上的位置，线条的微妙变化产生在立体造型上的效果是什么样的。这些规律不是老师总结出来你记录下来就可以了，而是要经过大量的练习以及总结体会才能更深刻并运用自如。

三、打版技术的难点

工业纸样中的线条有不同的属性，工业纸样中有结构线、轮廓线、对称线、辅助线、坐标线、多变线和造型线。

1. 多变线

腰节线、袖窿线、领深线、连身袖的袖底线等线条是灵活多变的。

2. 造型线

门襟、下摆、口袋、驳头形状、领圈形状、领嘴形状等属造型线，这些部位线条的细致变化会对服装效果产生影响。

把握多变线和造型线是打版的难点，它和纸样师的眼光、经验、审美观、艺术修养有很大关系。同一个款式、同样的面料和尺寸，由不同的纸样师来完成，可能有的显得平庸而毫无生气，有的则令人赏心悦目，充满神韵。

四、工业纸样的基本手法

1. 准确无误

规格尺寸要与绘制的纸样上的尺寸相符，不能有误差。准确包括尺寸和线条横平竖直的准确。

2. 细致严谨

结构线、轮廓线、对称线、造型线等线条粗细必须按照制图要求绘制，绘制工程图纸与绘画有质的区别。

3. 弧线绘制技巧

（1）辅助工具绘制：领窝弧线、袖窿弧线、袖山弧线可用曲线板绘制。

（2）直尺绘制：使用直尺画弧线是打版的基本功，主要训练手和眼的协调和互动能力。

直尺画曲线基础技能训练：直尺采用放码尺，笔采用活动铅笔，纸采用较光滑的白纸或牛皮纸。使用放码尺向前推，笔紧靠虎口，遵循"尺动笔不动，笔动尺不动"的原则（当用笔画线时，尺要固定住，以便局部图线直顺；当用尺调整曲线的方向时，笔头要固定在纸面上起转动轴的作用）。一般操作者是左手握尺，右手持笔，因此操作时需要左右手交替完成动作。在熟练掌握控制尺和笔的微动力量后就可以自由运用了，可以采用直尺画圆的基本功训练。

五、度量单位（认识放码尺）

放码尺上有厘米与英寸标准，厘米是 10 进制，英寸是 8 进制。

1 英寸 ≈ 2.54 cm

1/8 英寸 ≈ 0.3 cm   2/8 英寸 ≈ 0.6 cm

3/8 英寸 ≈ 0.9 cm   4/8 英寸 ≈ 1.25 cm

5/8 英寸 ≈ 1.6 cm　　　　6/8 英寸 ≈ 1.9 cm

7/8 英寸 ≈ 2.2 cm

六、女装工业纸样规格设置

由于工业纸样是以标准人体作为基码来设置尺寸进行打版的，所以在设置总体尺寸时并不需要像量体裁衣那样去记忆净尺寸以外的放松量，只需记住几个主要款式的 M 码尺寸就可以了（见表 2-1-1、表 2-1-2）。

表 2-1-1　女下装常用尺寸规格　　　　（单位：厘米）

部位	女西裤（平腰）	合体裤（平腰）	低腰裤	中裙	档差
外侧长	102	100	100	38-57	0.6-1
腰围	68	68	71～77	68	4
臀围	93	90	90～93	93	4
腿围					2
膝围	45	42	42		1.5
脚口	44	41	44		1
前裆	26（不连腰）	24.5（不连腰）	24～21（连腰）		0.6
后裆	36（不连腰）	35（不连腰）	35～32（连腰）		0.6
立裆深	25.5	24.5			0.6

表 2-1-2　女上装常用尺寸规格　　　　（单位：厘米）

部位	长袖衬衫	短袖衬衫	西装	连衣裙	背心	风衣	棉衣	弹力针织衫	档差
后中长	圆摆 64 平摆 56	圆摆 64 平摆 56	62	85	52	85	64	54	1～1.5
胸围	92	92	95	91	94	96	100	78～84	4
腰围	75	75	78	73	78	82	86	74	4
前胸宽	33	33	34.2	32.6	33.8	34.6	36		1
后背宽	35	35	36.6	34.6	35.6	37	38.4		1
臀围			93			100	104		4
摆围	96～97	96～97	98			125		86	4
肩宽	37.5	37.5	38.5	36～37	35	40	40.5	35	1
袖长	58	14～20	58			60～62	60～62	57	1
袖口	20	30.5	25.5		26	27～30	18	长袖袖口 1 短袖袖口 1.5	
袖肥	32	32	34-35			36-38	37～40	29	1.5
袖窿	45	45	46.5	44.5	46	47	50	38～41	2
领围	38～40	38～40							1

第二节　胸臀式原型

胸臀式原型可分为胸臀式表皮原型和胸臀式合体原型。适合中国女性的体型。

一、表皮原型的建立

采用短寸法直接在标准模台上进行尺寸测量

1. 前腰节长（FAL）：从颈椎点→BP 点→腰围水平线为 41.5 cm。

2. 后背长（BAL）：后颈椎点→腰围水平线为 38 cm。

3. 乳长（BP 长）：颈椎点→BP 点为 24.5 ~ 25 cm。

4. 后颈肩长：侧颈椎点→肩胛骨→腰围水平线为 40.5 cm。后直领深为 40.5 – 38=2.5 cm。

5. 前中长：颈窝点向下 1 ~ 1.5 cm →腰围水平线为 34 cm。前直领深为 41.5 – 34=7.5 cm。

6. 背宽：左后腋点→右后腋点为 34 ~ 35 cm。

7. 窿门宽：后腋点→前腋点为 10 cm。

8. 丰胸围：左前腋点→右前腋点为 35 cm。

9. 前胸宽：31 cm。

10. 后肩宽：38 cm。

11. 前肩宽：36 cm。

12. 乳距：17 cm。

13. 前腋高点：前袖窿腋点→前胸围的交点为 8 cm。

14. 领围：38 cm。

15. 小肩宽：12 cm。

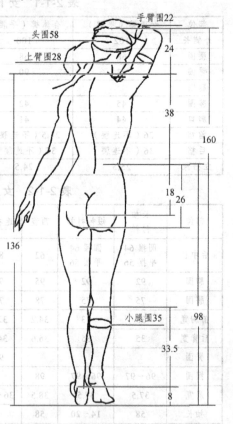

二、原型的省道

1. 肩省：满足肩胛骨结构。

2. 胸省：满足胸部球面结构。

3. 腰省：解决胸围和省损量形成的最大外包围与腰围之间的差量，收不收腰省直接影响腰部的合身形态。

4. 省量分配：由于人体的结构决定了省量永远不会消失，但可以消除或以其他形式存在于结构中。原型的腰省分配以六省分配为最佳，且立体感更好，因为每收省一次则转折一次，转折次数越多效果越立体，如图2-2-2。

（1）省量：

$$\frac{B-W}{2} + 省损量 = \frac{92-74}{2} + 2$$
$$= 11\,cm$$

（2）省量分配：

a:7% × 11=0.8 cm   b:18% × 11=2 cm

d:11% × 11=1.2 cm   e:15% × 11=1.7 cm

c:35% × 11=3.8 cm   f:14% × 11=1.6 cm

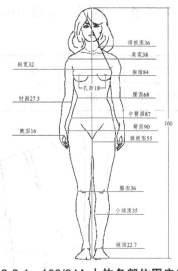

图 2-2-1　160/84A 人体各部位围度尺寸

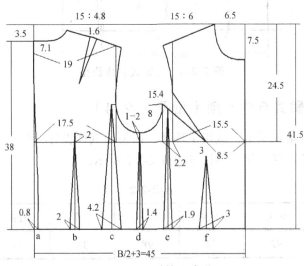

图 2-2-2　原型的六省分配

三、胸臀式表皮原型（见图2-2-3）

属于紧身式原型，适用于连衣裙、小礼服的纸样设计（见表2-2-1）。

表2-2-1

规格	胸围	腰围	肩宽	领围	背长	臀围
165/84A	88	66	38	38	38	92

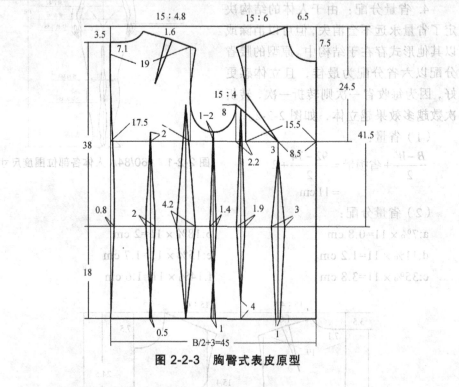

图2-2-3　胸臀式表皮原型

四、胸臀式合体原型（见图2-2-4）

属于合体箱式原型，适用于外套、西装的纸样设计，版型前松后贴，其中前片包含了一些功能性的松量如表2-2-2所示。

表2-2-2

规格	胸围	腰围	臀围	肩宽	领围	背长
165/84A	92	74	98	38	38	38

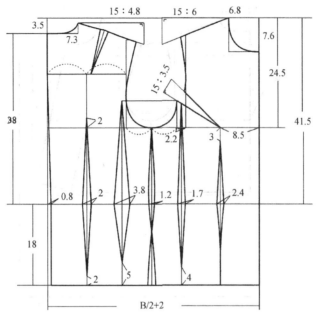

图2-2-4　胸臀式合体原型

五、袖原型（见图2-2-5至图2-2-9）

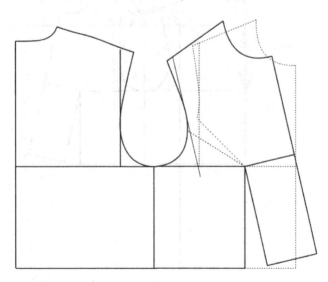

原型衣身制作袖原型步骤1

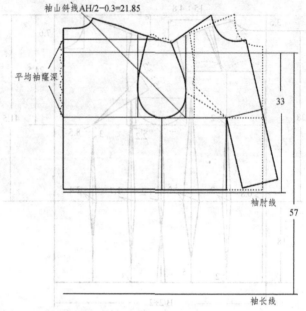

图 2-2-5　原型衣身制作袖原型步骤 1

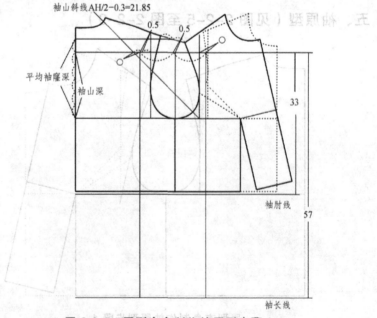

图 2-2-6　原型衣身制作袖原型步骤 2

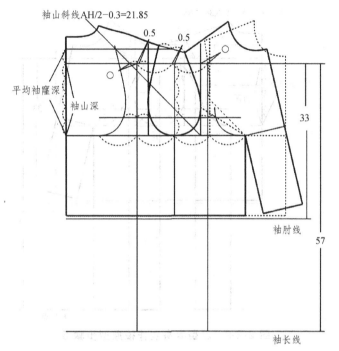

图 2-2-7　原型衣身制作袖原型步骤 3

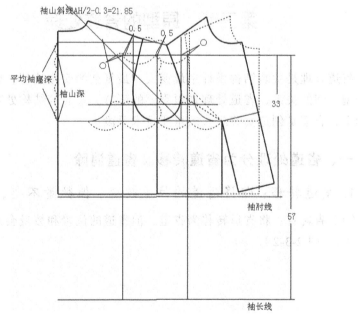

图 2-2-8　原型衣身制作袖原型步骤 4

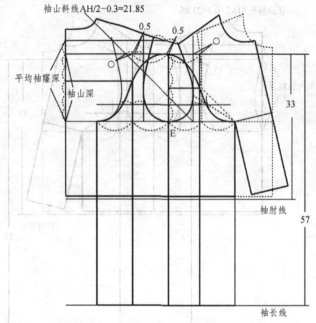

袖山斜线AH/2-0.3=21.85

平均袖窿深

袖山深

33

袖肘线

57

袖长线

图 2-2-9　原型衣身制作袖原型步骤 5

第三节　原型的省道处理

省道处理是女装结构设计中最庞大、最复杂的变化技巧，要处理好结构与造型之间的关系，省道处理是很重要的环节。女装的结构处理集中在省道处理上，省道是创造女装款式的重要技术手段。

一、省道处理分为省道转移及省道消除

1. 省道转移：即将省道的位置改变，但数量不变，其中包括：

（1）省转省：将省道转移为省道，但省道的位置和数量会发生变化（见图 2-3-1、图 2-3-2）。

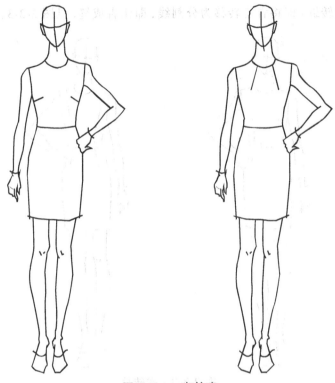

图 2-3-1　省转省

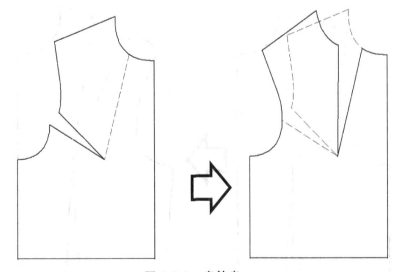

图 2-3-2　省转省

（2）省转缝：即将省道转移为分割线，即化省成缝（见图 2-3-3、图 2-3-4）。

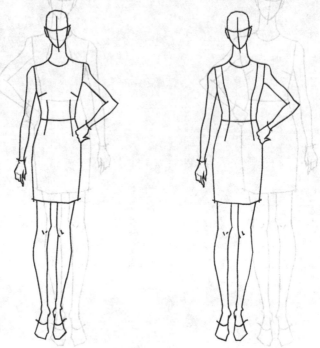

图 2-3-3　省转缝

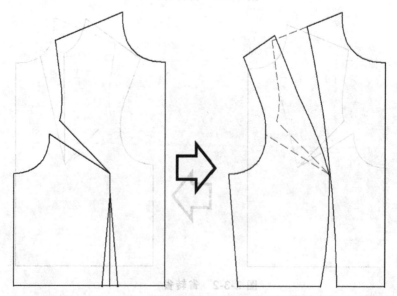

图 2-3-4　省转缝

（3）省转褶裥：将省道转移为细褶、顺风褶即裥的形式（见图 2-3-5，2-3-6）。

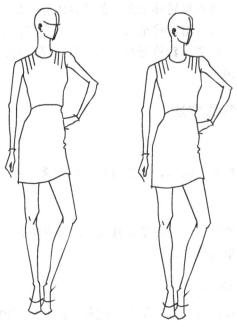

图 2-3-5　省转褶裥

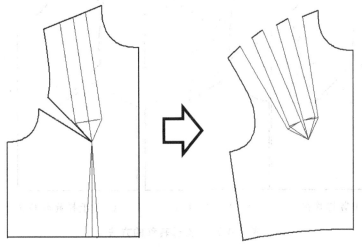

图 2-3-6　省转褶裥

2. 省道消除：即将省转移为其他的形式存在于结构中，其中包括：

（1）省道下放：将省量转移至摆围，使摆围尺寸加大。

（2）省转吃势：将省量转移至某一部位做吃势处理，吃势相当于小省。

（3）省转归拢：将省道转移至某一部位之后为归拢量。

（4）省转松量：将省量转移至某一部位后为浮余量，浮余量即是让松量空空的，漂浮于结构中。

二、省道转移的方法

1. 剪切移位

直观、易懂、精确、实用，为省道转移的首选，适应范围广泛。

2. 几何移位

采用数字比例的方法将块面整体移动。此种方法方便、快捷，但难理解、易变形，适用于简单的省道转移。

3. 纸样旋转移位

将基础版旋转画出新的省道位置。此种方法快捷精确，但是需要使用原型版。

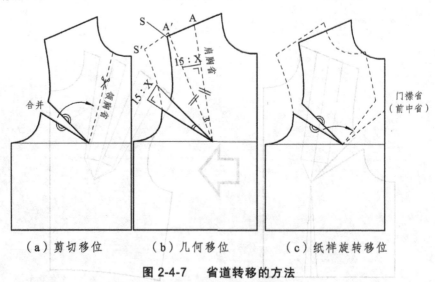

（a）剪切移位　　　（b）几何移位　　　（c）纸样旋转移位

图 2-4-7　省道转移的方法

一般来讲，可以转移或消除的省道有：胸省、腰省、后肩省。

三、后肩省的转移与消除（见图2-4-8至图2-4-11）

1. 后肩省消除的方法

（1）留在肩缝作吃势；

（2）转移至袖窿作浮余量；

（3）转移为劈背量；

（4）转移为后领松量；

（5）下放增加下摆量。

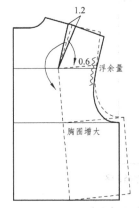

图2-4-8　下放+袖窿浮余量
（后肩省转移）

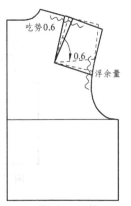

图2-4-9　肩缝吃势+袖窿浮余量
（后肩省消除）

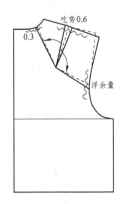

图2-4-10　肩缝吃势+袖窿浮余量+
后领围松量
（后肩省消除）

图2-4-11　肩缝吃势+袖窿浮余量+劈背
（后肩省消除）

四、胸省转移（见图 2-4-12）

胸凸全省是指包括乳凸、前胸腰差和胸部设计量的总和。胸凸全省的意义在于，它指出了胸部余缺处理的最大极限。胸省的设计是通过胸凸射线的选择来完成的。

胸省转移是以胸高点即 BP 点为中心点，在前片任意位置都可以做省道的转移，它既可以是分解设计，也可以是位移设计，这就是所谓的胸凸射线。

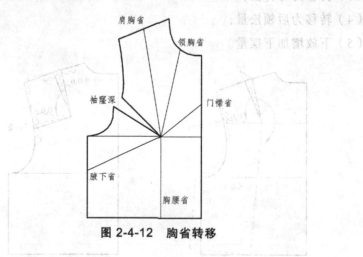

图 2-4-12　胸省转移

1. 单省转移（见图 2-4-13、图 2-4-14）

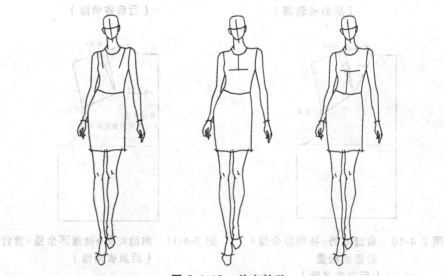

图 2-4-13　单省转移

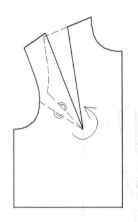
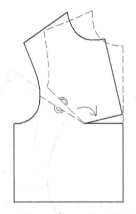
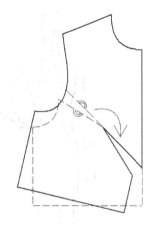

图 2-4-14　单省转移

2. 单省分散转移

（1）异向分散（见图 2-4-15）。

（2）同向分散（见图 2-4-16）。

（3）平行分散（见图 2-4-17）。

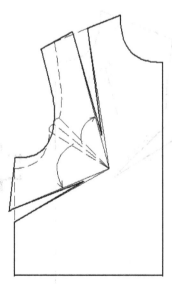

图 2-4-15　异向分散

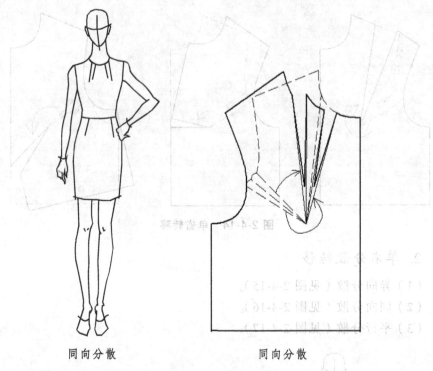

同向分散　　　　　　　　　　　　同向分散

图 2-4-16　同向分散

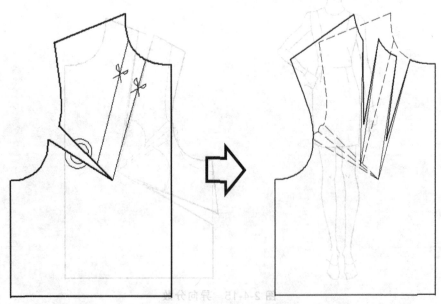

图 2-4-17　平行分散

图 2-4-17 平行分散

3. 双省分散转移（见图 2-4-18）

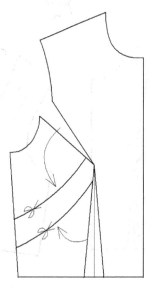

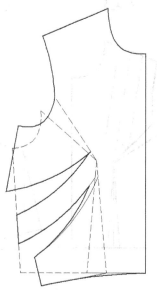

图 2-4-18 双省分散转移

4. 集中转移（见图 2-4-19）

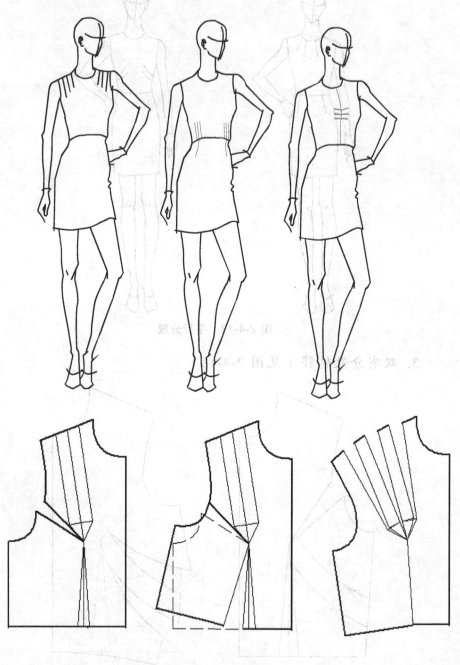

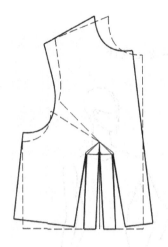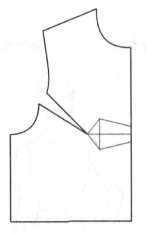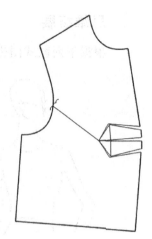

图 2-4-19 集中转移

女装原型的项目任务书

任务要求	1. 1：1 比例绘制胸臀式表皮原型； 2. 1：1 比例绘制胸臀式合体原型； 3. 用原型制作省道转移各五款	
技能要求	人体测量	1. 能按照人体体型，准确测量人体的数据； 2. 掌握标准模台的长度及纬度的数据
	设置号型规格系列	1. 能编制服装主要部位规格及配属规格； 2. 能根据人体体型标准，编制合理的服装产品规格系列
	制作样板	1. 能制作原型的基础样板； 2. 能根据原型做省道转移
相关知识	1. 人体体型的基本类型以及人体体型与服装纸样的关系； 2. 国家人体号型标准； 3. 原型及原型省道处理的方法	
任务标准	1. 制版中各结构部位的尺寸要准确，符合制版规格，在规定的公差范围内控制部位规格允差 ±0.2 cm。 2. 制图线条清晰，顺直流畅。图中线条垂直相交的必须呈 90 度直角；曲直相交的线条要吻合、流畅；曲曲相交的线条要圆顺、吻合、不出"茬口"。 3. 袖子与衣身协调，造型美观，结构准确，袖山吃势合理，各对位点标注准确。 4. 领子造型符合款式要求，结构准确。 5. 裁片剪得干净利落，没有漏剪和错剪的情况。 6. 每片样板须标注齐全，是否缺主要标记、次要标注或漏缺标注。成衣纸样裁片数量正确，裁片名称准确。 7. 服装样板各部位放量准确、合理，经纬纱方向标识正确，曲线顺畅，标注齐全	

思维拓展

根据下列款式图进行女装原型省道转移的纸样变化设计。

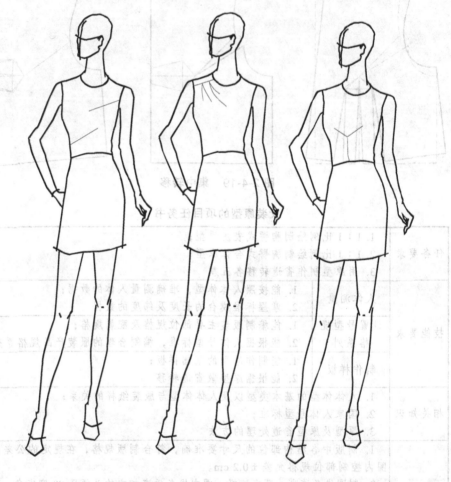

第三章　连身裙装的纸样设计

连身裙装大体可分为断腰型裙装和连腰型裙装。要做连身裙装的款式变化首先应该掌握基本型裙装的纸样设计，在此基础上再做连身裙装的款式变化就很容易，无非是省道转移，领型、袖型及分割线的变化。连身裙装可采用胸臀式表皮原型制作省道转移会非常快捷方便。连身裙装的纸样微课程设计的分接任务步骤见图 3-0-1。

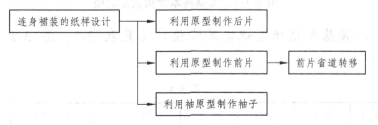

图 3-0-1　连衣裙装纸样微课程步骤

即连身裙装的纸样微课程设计需要准备 2 个微课视频：① 前后衣身纸样设计。② 袖子及领子纸样设计 。

第一节　断腰基本型裙装的纸样设计

1. 断腰基本型裙装的款式特点

圆领，前衣身设有腋下省与胸腰省，后衣身设有肩胛省与腰省，腰节处断开，裙子为 A 字裙，后片中心缝线处装拉链至臀围线，原装一片袖。

2. 断腰基本型裙装款式图（见图 3-1-1）

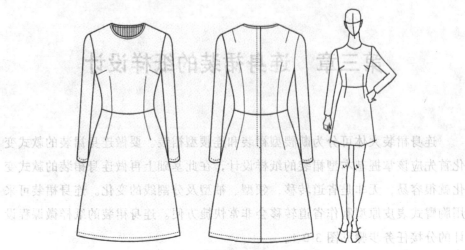

图 3-1-1　断腰基本型裙装款式图

3. 断腰基本型裙装规格尺寸设计（见表 3-1、图 3-1-2 至图 3-1-6）

表 3-1

规格尺寸	裙长	胸围	腰围	臀围	肩宽	领围	袖长
165/84A	86	92	70	94	39	40	55

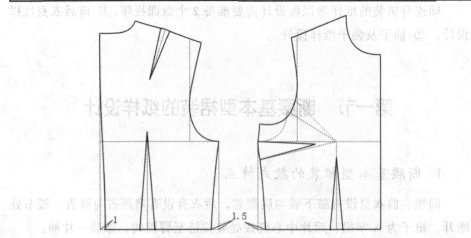

图 3-1-2　运用原型制作断腰基本型裙装的衣身纸样设计

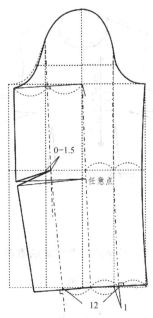

图 3-1-3 运用袖原型制作断腰基本型裙装的袖子纸样设计

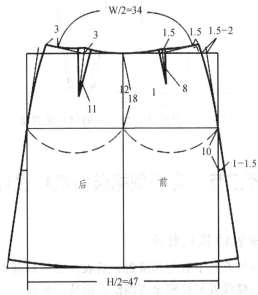

图 3-1-4 断腰基本型裙装的裙子纸样设计

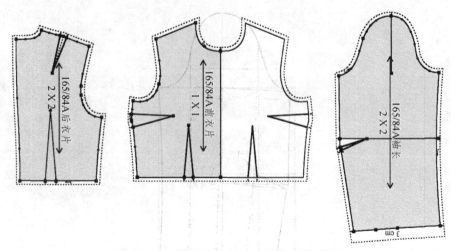

图 3-1-5　断腰基本型裙装的衣身毛样板

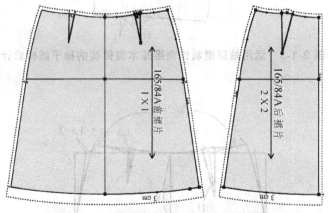

图 3-1-6　断腰基本型裙装的裙片毛样板

第二节　连腰型裙装的纸样设计

1. 连腰型裙装的款式特点

圆领，前衣身设有腋下省与胸腰省，后衣身设有肩胛省与腰省；连身裙收下摆，后片中心缝线处装拉链至臀围线；原装一片袖。

2. 连腰型裙装的款式（见图 3-2-1）

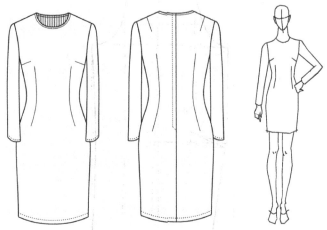

图 3-2-1 连腰型裙装款式图

3. 连腰型裙装的规格尺寸设计（见表 3-2，图 3-2-2 至图 3-2-4）

表 3-2

规格尺寸	裙长	胸围	腰围	臀围	肩宽	领围	袖长
165/84A	84	92	76	98	39	40	55

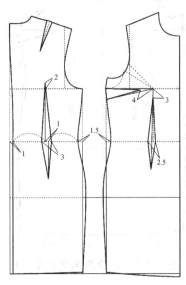

图 3-2-2 运用原型制作连腰型裙装的衣身纸样设计

2. 连腰型裙装的表示（见图 3-2-1）

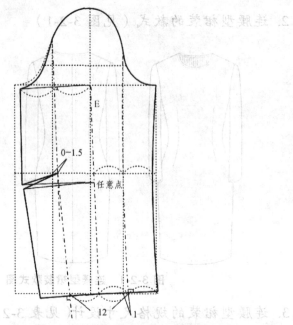

0~1.5

E

任意点

12   1

图 3-2-3　运用袖原型制作连腰型裙装袖子的纸样设计

3. 连腰型裙装的规格（尺寸见表 3-2，图 3-2-2 至图 3-2-4）

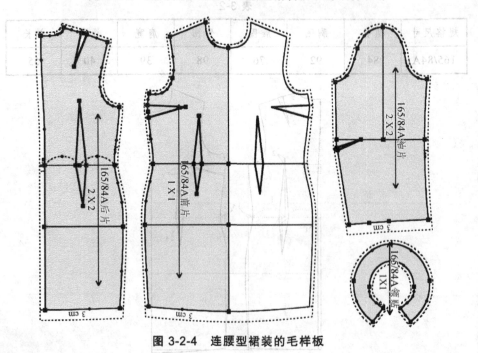

图 3-2-4　连腰型裙装的毛样板

第三节 抹胸裙的纸样设计

1. 抹胸裙的款式特点

前后片公主线分割，腰节以上为合体无肩胸衣，前面以抹胸高度平缓向后延长至后中心分割线处；裙片以前片为三片，后片为四片；后中分割线装拉链至臀围线。

2. 抹胸裙的款式（见图3-3-1）

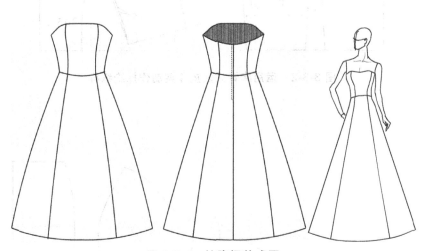

图 3-3-1 抹胸裙款式图

3. 抹胸裙的规格纸样设计（见表3-3，图3-3-2至图3-3-4）。

表 3-3

规格尺寸	裙长	胸围	腰围	摆围
165/84A	120	82	68	420

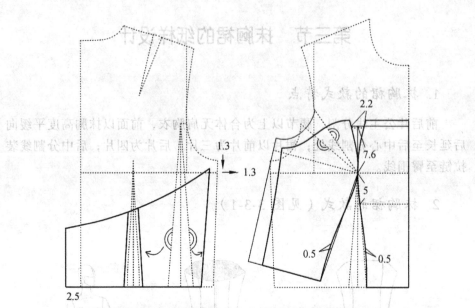

图 3-3-2　运用胸臀式表皮原型制作抹胸纸样

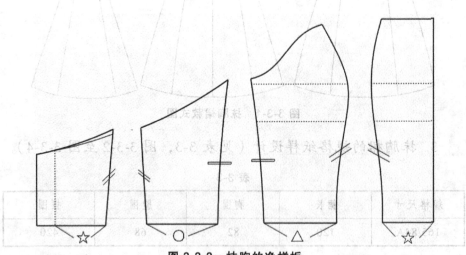

图 3-3-3　抹胸的净样板

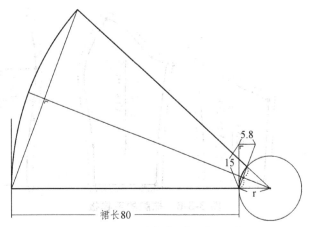

图 3-3-4 无省裙摆的纸样设计

无省裙摆的纸样设计要点：

（1）采用"15∶Y"控制腰围 W 和裙摆 Q，15 为定数，Y 值决定裙摆 Q 大小的比值，

$$Y = \frac{8 \times (Q-W)}{n \times L} = \frac{8 \times (420-68)}{6 \times 80} = 5.8$$

其中 n 为裙片数量。

（2）$r = \frac{W}{2\pi} = \frac{68}{2 \times 3.14} = 11.4$。

（3）裙片依据抹胸腰围分割线的长度调整裙腰围线长度（见图 3-3-5 ~ 3-3-7）。

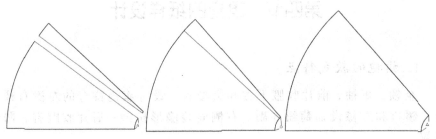

后侧（前中）裙片的净样板　　后侧裙片的净样板　　　　前侧裙片净样板

图 3-3-5 裙片净样板

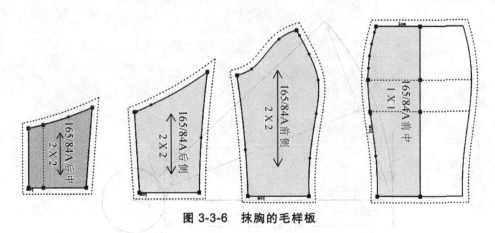

图 3-3-6　抹胸的毛样板

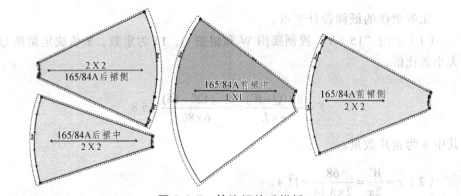

图 3-3-7　抹胸裙的毛样板

第四节　旗袍的纸样设计

1. 旗袍的款式特点

企领，短袖，前片收腋下省和胸腰省，设有旗袍特有的左襟右衽开口，领口和左襟设葡萄纽 3 副，右侧缝装隐形拉链；后片收腰省，两侧开衩。

2. 旗袍的款式（见图 3-4-1）

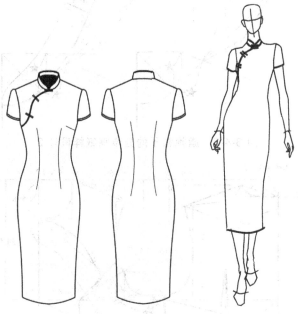

图 3-4-1　旗袍款式图

3. 旗袍的规格尺寸设计（见表 4-1，图 3-4-2 至图 3-4-7）

表 4-1

规格尺寸	裙长	胸围	腰围	臀围	肩宽	领围	袖长
165/84A	88	92	75	98	39	40	20

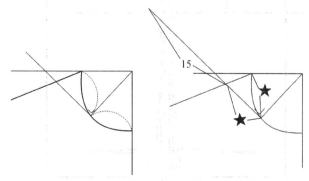

图 3-4-2　旗袍领子的分步骤纸样设计 1

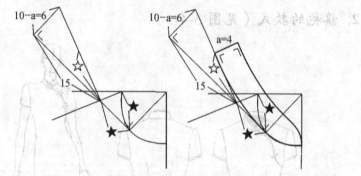

图 3-4-3 旗袍领子的分步骤纸样设计 2

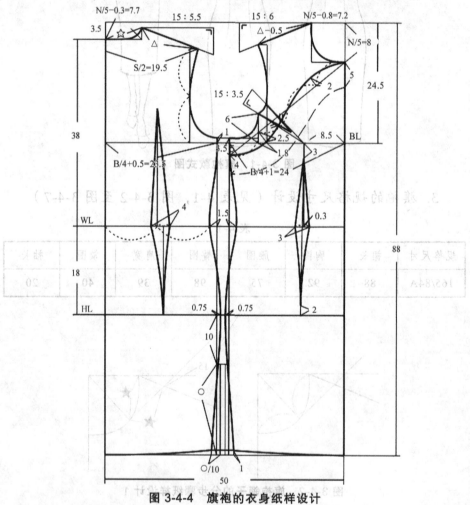

图 3-4-4 旗袍的衣身纸样设计

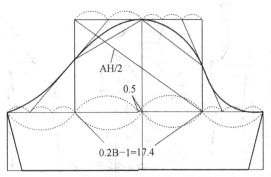

图 3-4-5 旗袍袖子的纸样设计

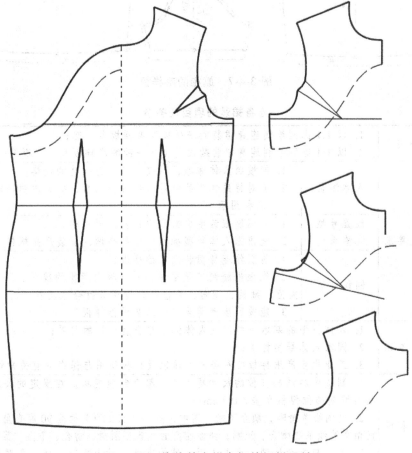

图 3-4-6 旗袍的左襟右衽的纸样设计

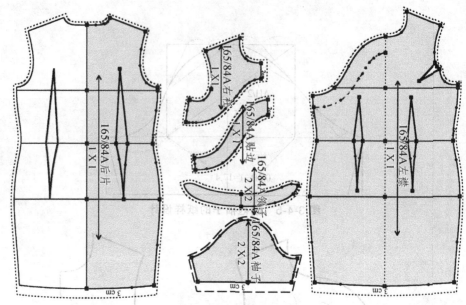

图 3-4-7　旗袍的毛样板

连身裙装的项目任务书

任务要求	1. 以 1:1 比例绘制连身裙装的净样板及毛样板各一套； 2. 以 1:1 比例绘制连身裙装款式变化任一款的净样板及毛样板各一套	
技能要求	人体测量	1. 能按照人体体型，准确测量连身裙装的规格； 2. 能对特殊体型的特殊部位进行测量，并做出明确的标注和图示
	设置号型 规格系列	1. 能编制服装主要部位规格及配属规格； 2. 能依据人体号型标准，编制合理的服装产品规格系列
	制作样板	1. 能制作连身裙装的基础样板； 2. 能根据缝制工艺要求，对样板中所需的缝份、归势、拔量、雍量、纱向、条格及预缩量进行合理调整； 3. 能按照生产需要打制工艺操作样板
相关知识	1. 人体体型的基本类型以及人体体型与服装纸样的关系； 2. 国家人体号型标准； 3. 工业化生产用样板的种类与用途以及样板使用与保存的有关知识	
任务标准	1. 制版中各结构部位的尺寸要准确，符合制版规格。在规定的公差范围内控制部位规格允差±0.2 cm； 2. 制图线条清晰，顺直流畅。图中线条垂直相交的必须呈90度直角；曲直相交的线条要吻合、流畅；曲曲相交的线条要圆顺、吻合、不出"苴口"； 3. 袖子与衣身协调，造型美观，结构准确，袖山吃势合理，各对位点标注准确；	

任务标准	4. 领子造型符合款式要求，结构准确； 5. 裁片剪得干净利落，没有漏剪和错剪的情况； 6. 每片样板须标注齐全，是否缺主要标记、次要标注或漏缺标注。成衣纸样裁片数量正确，裁片名称准确； 7. 服装样板各部位放量准确、合理，经纬纱方向标识正确，曲线顺畅，标注齐全

思维拓展

根据下列款式图进行连身裙装的纸样变化设计，注意观察衣身、领型及袖型的变化。

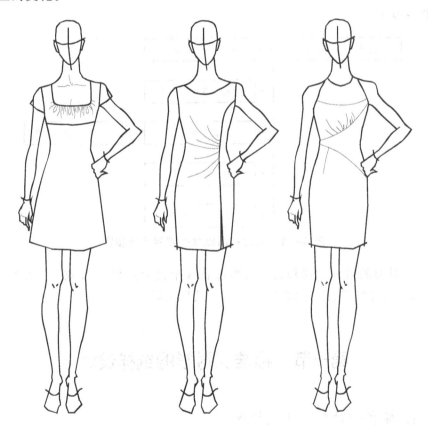

第四章 女衬衫的纸样设计

女衬衫是女装中重要的类别之一，是春夏季穿着的单层服装总称，包括长袖衬衫、短袖衬衫、罩衫及无袖衫等。女衬衫的纸样微课程设计步骤见图 4-0-1。

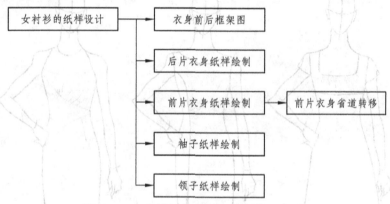

图 4-0-1 女衬衫的纸样微课程设计步骤

女衬衫的纸样微课程设计需要准备 3 个视频：① 后片衣身纸样绘制。② 前片衣身纸样绘制。③ 袖子及领子纸样绘制。

第一节 标准女衬衫的纸样设计

1. 标准女衬衫的款式特点

标准女衬衫是最常见的衬衫款式，为贴合人体后片设有后肩省和腰省，前片设有侧缝省即胸腰省，袖子为一片袖，领子为翻折领。

2. 标准女衬衫款式（见图 4-1-1）

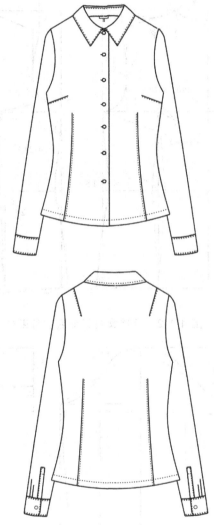

图 4-1-1　标准女衬衫的款式图

3. 标准女衬衫的规格尺寸设计（见表 4-1-1，图 4-1-2 至图 4-1-4）

表 4-1

规格尺寸	衣长	胸围	肩宽	领围	袖长	袖口
165/84A	64	98	40	39	58	22

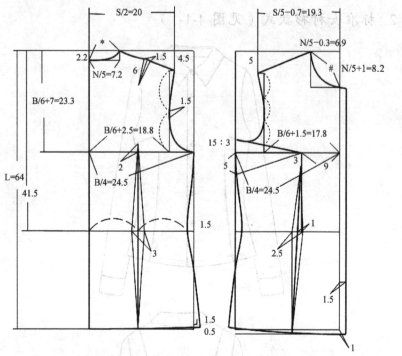

图 4-1-2　标准女衬衫前后衣身纸样

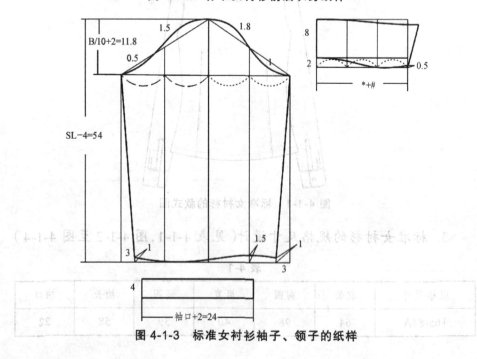

图 4-1-3　标准女衬衫袖子、领子的纸样

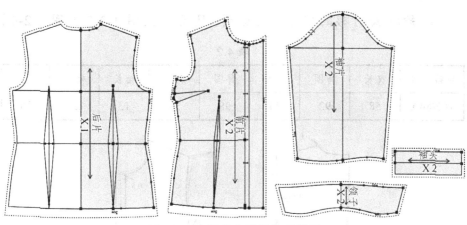

图 4-1-4 标准女衬衫的毛样板

第二节 女衬衫款式变化的纸样设计 1

1. 半袖女衬衫的款式特点

女式衬衫领，门襟 6 粒纽扣加贴边，前片胸下收省至底摆，前侧刀背缝分割；后背中心线分割，使吸腰合体，后片倒 L 型纵向分割；半袖且袖口贴边，袖山做褶，袖窿滚边正面压止口；平下摆。

2. 短袖女衬衫款式图（见图 4-2-1）

图 4-2-1 短袖女衬衫款式图

3. 短袖女衬衫的规格尺寸设计(见表 4-2,图 4-2-2 至图 4-2-4)

表 4.2

规格尺寸	衣长	胸围	腰围	臀围	肩宽	袖长	袖口	领大
165/84A	58	92	74	98	38	13	21	38

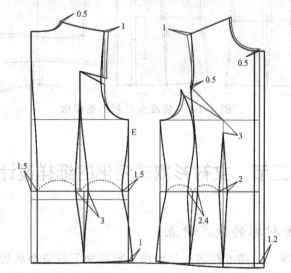

图 4-2-2　用胸臀式原型制作短袖女衬衫衣身纸样

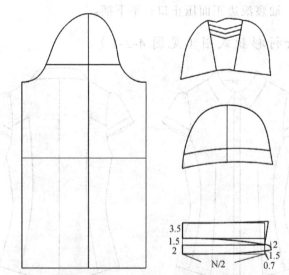

图 4-2-3　用原型袖制作短袖女衬衫袖子纸样、领子纸样

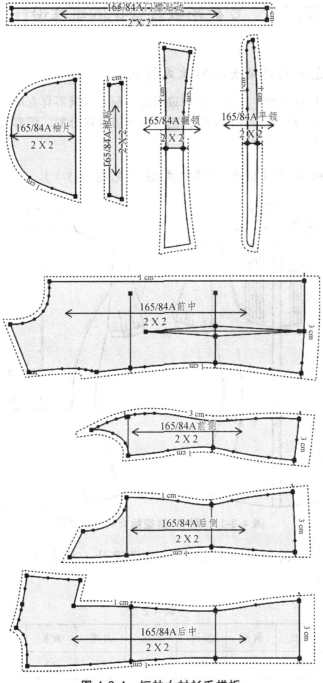

图 4-2-4　短袖女衬衫毛样板

第三节　女衬衫款式变化的纸样设计 2

1. 育克分割短袖女衬衫款式特点

女式圆角衬衫领，六粒纽扣贴边门襟，前片椭圆形育克加弧形分割，分割处至领口纵向压褶；后背中线分割且两侧刀背缝分割，腰部断缝，分割线处做褶；原装袖袖口滚边。

2. 褶裥分割短袖女衬衫款式图（见图 4-3-1）。

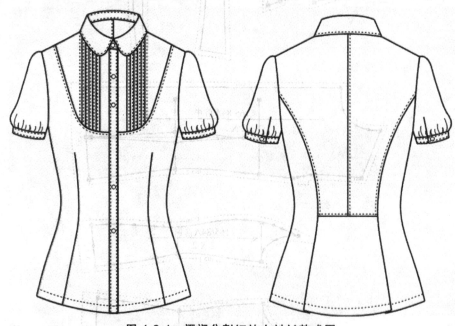

图 4-3-1　褶裥分割短袖女衬衫款式图

3. 褶裥分割短袖女衬衫规格纸样设计（见表 4-2，图 4-3-2 至图 4-3-10）

表 4-2

规格尺寸	衣长	胸围	腰围	臀围	肩宽	袖长	袖口	领大
165/84A	58	92	74	98	38	22	28	38

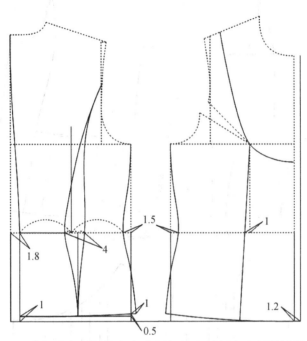

图 4-3-2　用胸臀式原型制作育克分割短袖女衬衫衣身纸样设计分步骤 1

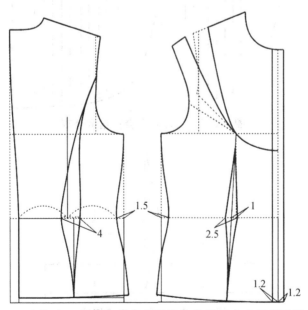

图 4-3-3　用胸臀式原型制作育克分割短袖女衬衫衣身纸样设计分步骤 2

图 4-3-4　后片衣身褶裥处理

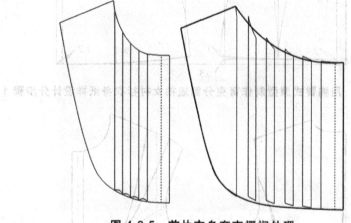

图 4-3-5　前片衣身育克褶裥处理

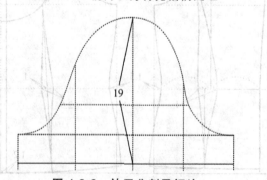

图 4-3-6　袖子分割及切边

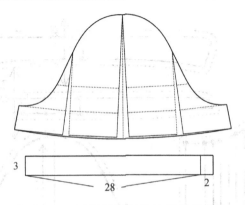

图 4-3-7 用袖原型制作袖子纸样设计

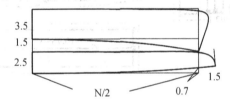

图 4-3-8 育克分割女衬衫领子纸样设计

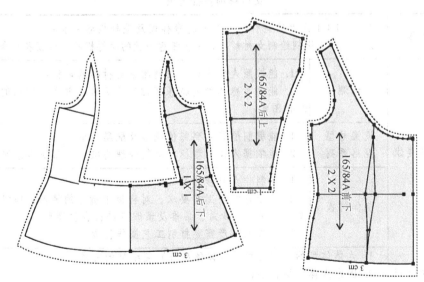

图 4-3-9 育克分割女衬衫毛样板 1

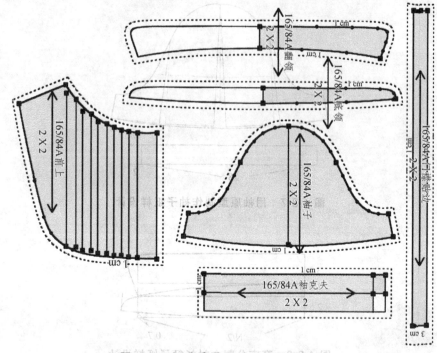

图 4-3-10 育克分割女衬衫毛样板 2

女衬衫项目任务书

任务要求	1. 以 1：1 比例绘制标准女衬衫的净样板及毛样板各一套； 2. 以 1：1 比例绘制女衬衫款式变化任意一款的净样板及毛样板各一套		
技能要求	人体测量	1. 能按照人体体型，准确测量女衬衫的规格； 2. 能对特殊体型的特殊部位进行测量，并做出明确的标注和图示	
	设置号型 规格系列	1. 能编制服装主要部位规格及配属规格； 2. 能依据人体号型标准编制合理的服装产品规格系列	
	制作样板	1. 能制作女衬衫的基础样板； 2. 能根据缝制工艺要求，对样板中所需的缝份、归势、拔量、雍量、纱向、条格及预缩量进行合理调整； 3. 能按照生产需要打制工艺操作样板	
相关知识	1. 人体体型的基本类型；人体体型与服装纸样的关系； 2. 国家人体号型标准； 3. 工业化生产用样板的种类与用途以及样板使用与保存的有关知识		

	1. 制版中各结构部位的尺寸要准确，符合制版规格，在规定的公差范围内控制部位规格允差±0.2 cm； 2. 制图线条清晰，顺直流畅。图中线条垂直相交的必须呈90度直角；曲直相交的线条要吻合、流畅；曲曲相交的线条要圆顺、吻合，不出"茬口"； 3. 袖子与衣身协调，造型美观，结构准确，袖山吃势合理，各对位点标注准确； 4. 领子造型要符合款式要求，结构准确； 5. 裁片剪得干净利落，没有漏剪和错剪的情况； 6. 每片样板须标注齐全，是否缺主要标记、次要标注或漏缺标注。成衣纸样裁片数量正确，裁片名称准确； 7. 服装样板各部位放量准确、合理，经纬纱方向标识正确曲线顺畅，标注齐全
任务标准	

思维拓展

根据下列款式图进行女衬衫纸样变化设计，注意观察衣身、领型及袖型的变化。

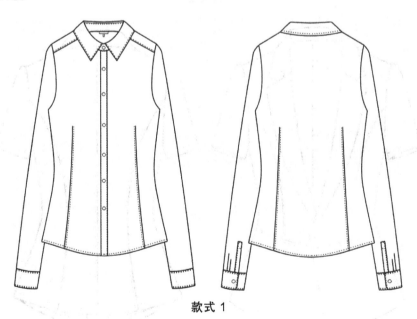

款式1

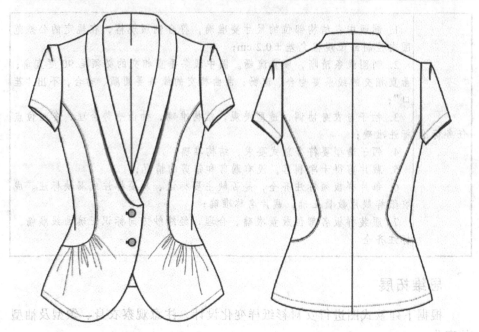

款式 2

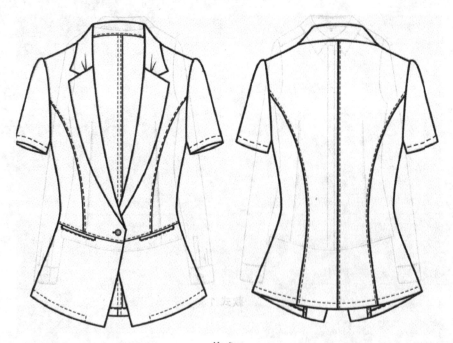

款式 3

第五章 宽松女上衣的纸样设计

学习女上装纸样设计如果说要从最简单的开始，那无外乎是宽松型的款式设计了。宽松的服装款式不受胸围的拘束，结构相对简单，体型适应度很强。

宽松女上衣的纸样微课程设计的分解任务（见图 5-0-1）。

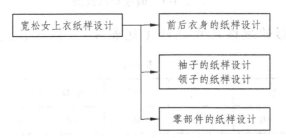

图 5-0-1　宽松女上衣的纸样微课设计步骤

也就说宽松女上衣的纸样微课程设计需要准备 3 个视频：① 前后衣身纸样设计。② 袖子和领子的纸样设计。③ 零部件纸样设计及生成毛样板。

第一节　蝙蝠衫的纸样设计

1. 蝙蝠衫的款式特点

蝙蝠衫只要领口合体，对其余部位没有尺寸的要求，制作比较简单。

2. 蝙蝠衫的款式（见图 5-1-1）

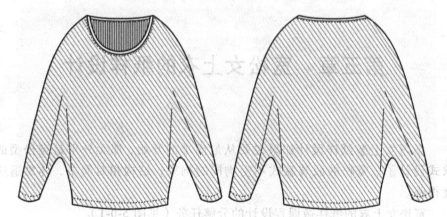

图 5-1-1 蝙蝠衫款式图

3. 蝙蝠衫的规格尺寸设计（见表 5-1，图 5-1-2 至图 5 -1-4）

表 5-1

规格	衣长	肩宽	袖长	袖口	领围	臀围
165/84A	60	39	58	12	40～45	92

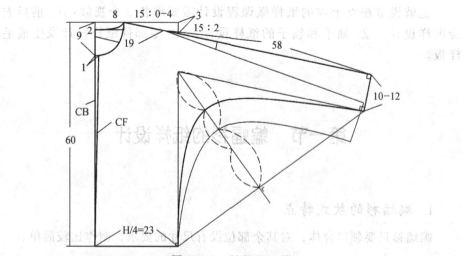

图 5-1-2 蝙蝠衫纸样

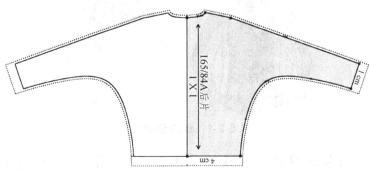

图 5-1-3　蝙蝠衫后片毛样板

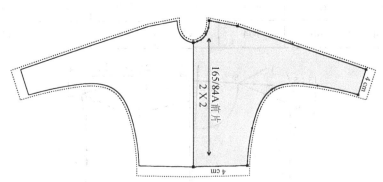

图 5-1-4　蝙蝠衫前片毛样板

第二节　运动装的纸样设计

1. 运动装的款式特点

运动装作为运动时的首选服装要求就是宽松透气，穿脱方便，便于运动。袖口及下摆选用螺纹材料松紧适度；前开口采用拉链方便穿脱，容易透气；插肩袖的结构方便在纸样上设计分割线，采取拼色增强运动感。

2. 运动装的款式（见图 5-2-1）

图 5-2-1　运动装款式图

3. 运动装的规格尺寸设计（见表 5-2，图 5-2-2 至图 5-2-8）

表 5-2

规格	衣长	胸围	肩宽	领围	袖长	袖口
165/84A	60	104	42	45	57	16～17

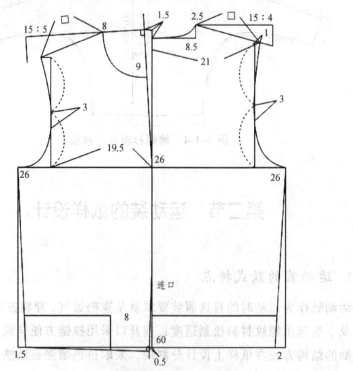

图 5-2-2　运动装纸样设计分步骤 1

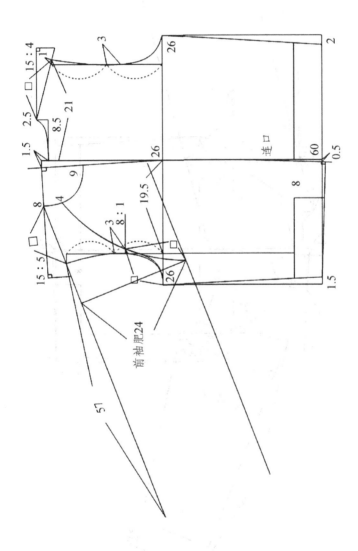

图 5-2-3　运动装纸样设计分步骤 2

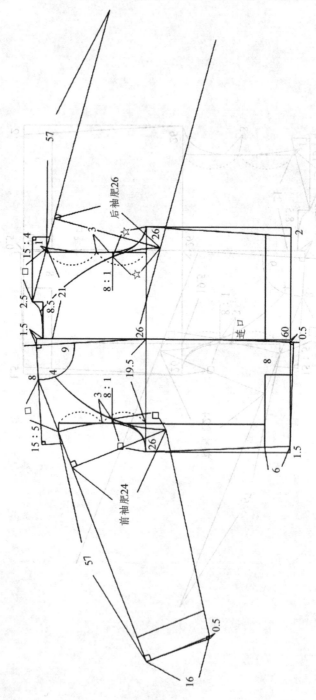

图 5-2-4　运动装纸样设计分步骤 3

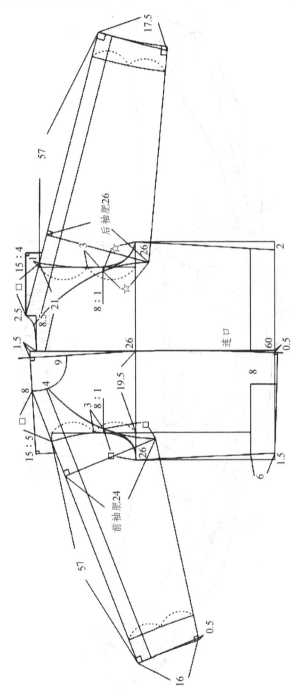

图 5-2-5　运动装纸样设计分步骤 4

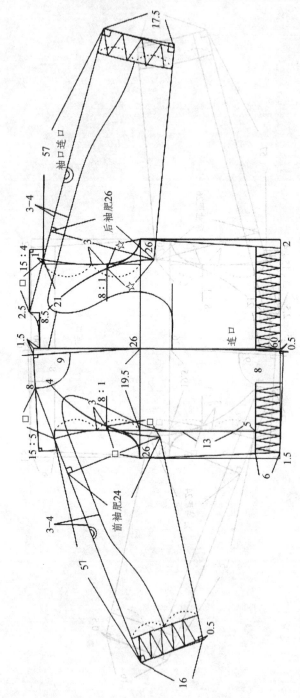

图 5-2-6 运动装纸样设计分步骤 5

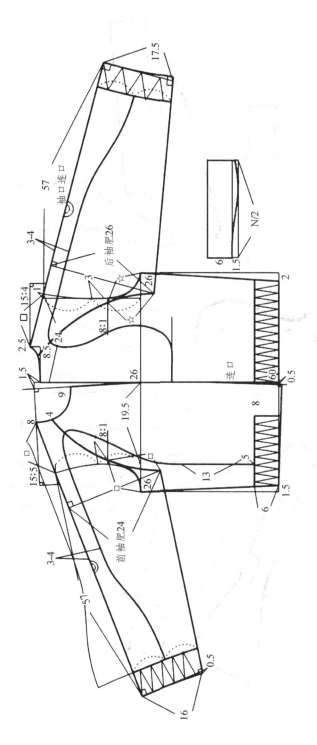

图 5-2-7 运动装纸样设计分步骤 6

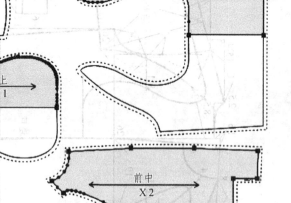

领子
X 2

后袖
X 2

后下
X 2

后上
X 1

前中
X 2

前侧
X 2

下袖
X 2

大袖
X 2

图 5-2-8　运动装毛样板

第三节　宽松短大衣的纸样设计

1. 宽松短大衣的款式特点

　　宽松短大衣款式为双排八粒扣敞摆大衣，袖子采用连身袖，袖底插袖三角增加活动量，袖口宽松活动量好；领子为翻折领。

2. 宽松短大衣的款式（见图 5-3-1）

图 5-3-1　宽松大衣的款式

3. 宽松短大衣的规格尺寸设计（见表 5-3，图 5-3-2 至图 5-3-11）

表 5-3

规格	衣长	胸围	肩宽	腰围	袖长	袖口	领围
165/84A	86	98	40	84	58	13	40

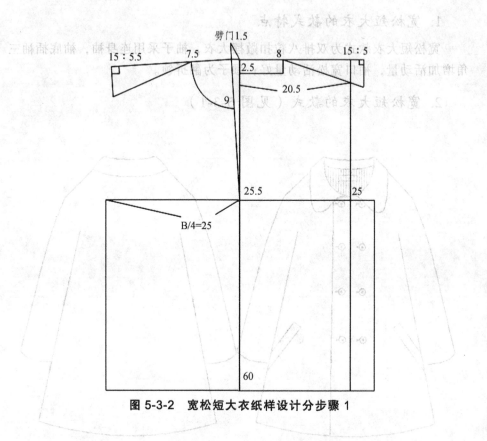

图 5-3-2　宽松短大衣纸样设计分步骤 1

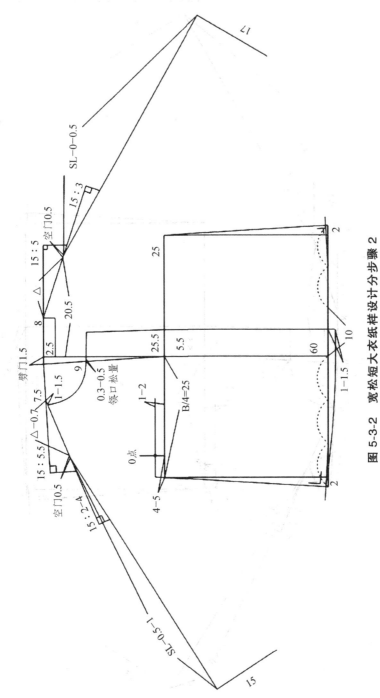

图 5-3-2 宽松短大衣纸样设计分步骤 2

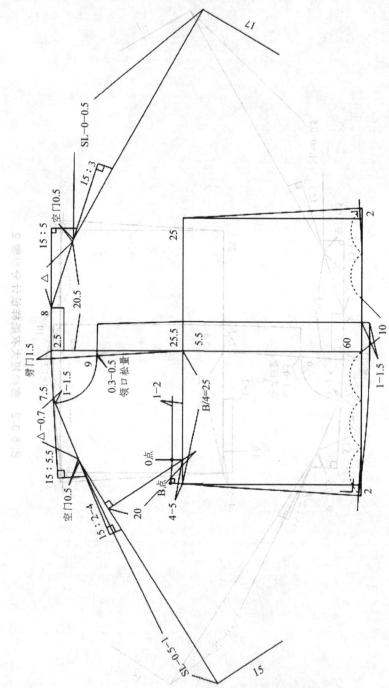

图 5-3-3　宽松短大衣纸样设计分步骤 3

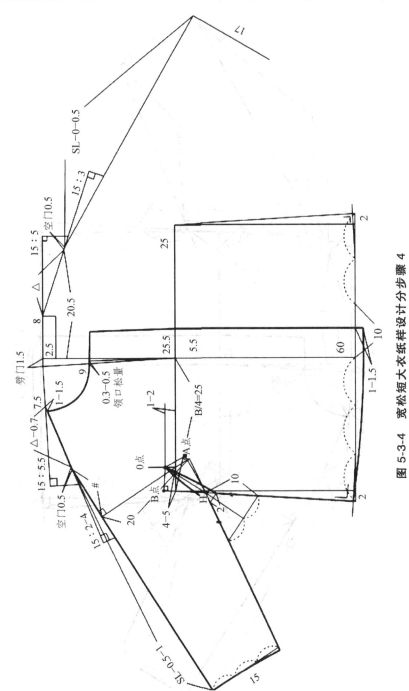

图 5-3-4 宽松短大衣纸样设计分步骤 4

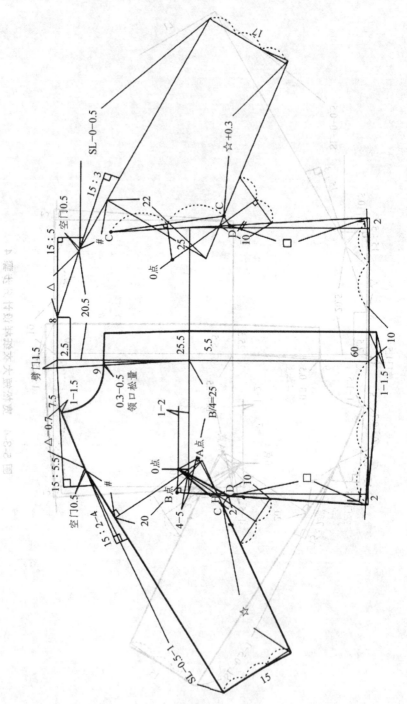

图 5-3-5　宽松短大衣纸样设计分步骤 5

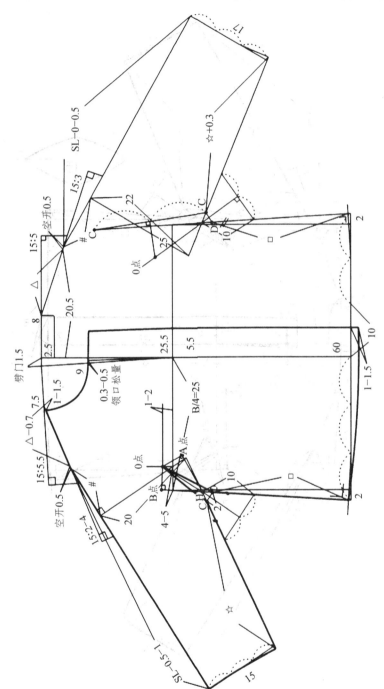

图 5-3-6　宽松短大衣纸样设计分步骤 6

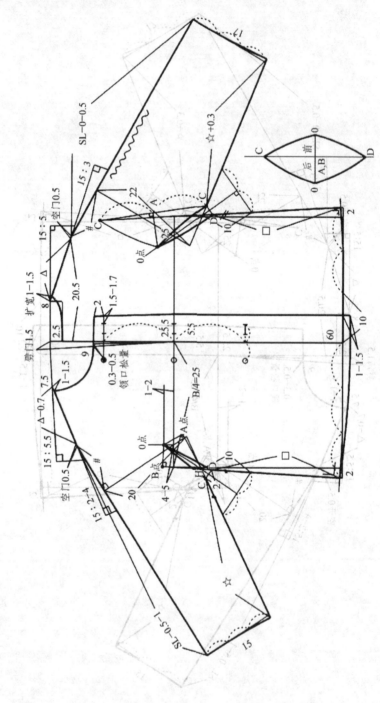

图 5-3-7 宽松短大衣纸样设计分步骤 7

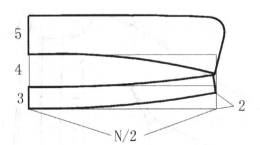

图 5-3-8　宽松短大衣领子纸样

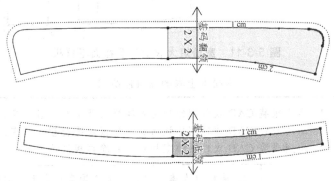

图 5-3-9　宽松短大衣领子毛样板

图 5-3-10　宽松短大衣后片毛样板

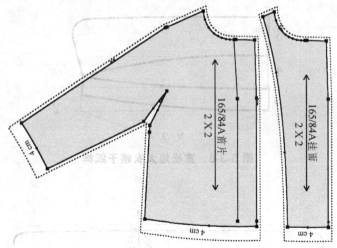

图 5-3-11　宽松短大衣前片及挂面毛样板

宽松女上衣的项目任务书

任务要求	1. 运用服装 CAD 软件制作蝙蝠衫净样板及毛样板各一套； 2. 运用服装 CAD 软件制作运动装净样板及毛样板各一套； 3. 运用服装 CAD 软件制作宽松短大衣净样板及毛样板各一套	
技能要求	人体测量	1. 能按照人体体型，准确测量宽松女上衣的规格； 2. 能对特殊体型的特殊部位进行测量，并做出明确的标注和图示
	设置号型规格系列	1. 能编制服装主要部位规格及配属规格； 2. 能依据人体号型标准，编制合理的服装产品规格系列
	制作样板	1. 能制作宽松女上衣的基础样板； 2. 能根据缝制工艺要求，对样板中所需的缝份、归势、拔量、雍量、纱向、条格及预缩量进行合理调整； 3. 能按照生产需要打制工艺操作样板
相关知识	1. 人体体型的基本类型以及人体体型与服装纸样的关系； 2. 国家人体号型标准； 3. 工业化生产用样板的种类与用途以及样板使用与保存的有关知识	
任务标准	1. 制版中各结构部位的尺寸要准确，符合制版规格，在规定的公差范围内控制部位规格允差 ±0.2 cm； 2. 制图线条清晰，顺直流畅。图中线条垂直相交的必须呈 90 度直角；曲直相交的线条要吻合、流畅；曲曲相交的线条要圆顺、吻合、不出"茬口"；	

任务标准	3. 袖子与衣身协调，造型美观，结构准确，袖山吃势合理，各对位点标注准确； 4. 领子造型符合款式要求，结构准确； 5. 裁片剪得干净利落，没有漏剪和错剪的情况； 6. 每片样板须标注齐全，是否缺主要标记、次要标注或漏缺标注。成衣纸样裁片数量正确，裁片名称准确； 7. 服装样板各部位放量准确、合理，经纬纱方向标识正确，曲线顺畅，标注齐全

思维拓展

根据下列款式图进行宽松女上衣的纸样变化设计，注意观察衣身、领型及袖型的变化。

款式 1

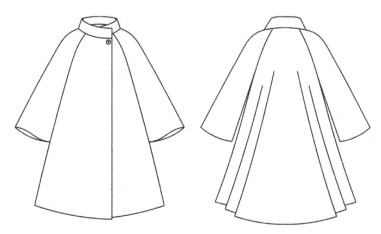

款式 2

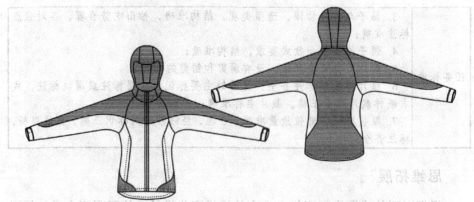

款式 3

第六章 合体女上衣的纸样设计

女西装的结构大体可以分为公主线、刀背缝以及三开身这三种类型，其他的女西装款式变化无一不是在这三类结构的基础上进行纸样的变化，因此掌握这三类结构是学习女西装纸样设计的关键。

由于合体女上衣是服装纸样设计课程环节中最为重要的环节，不但要涉及纸样净样板及毛样板，纸样面料版、里料版及衬料版的制作，更是要涉及工业纸样中的放码、排料及输出打印纸样的制作。所以本章节也是全书的重点章节，许多重点难点问题需要在教学中增加教学环节详细示范讲解，下面就以公主线女西装纸样的设计为例，详细介绍合体女上衣微课设计的分解步骤：

1. 公主线女西装的纸样设计（见图 6-0-1）

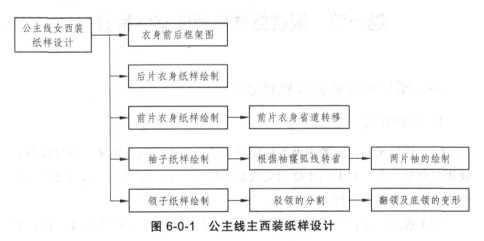

图 6-0-1 公主线主西装纸样设计

也就是说，就公主线女西装的纸样微课设计，必须准备 5 个微课视频：① 衣身前后框架图。② 后片衣身纸样绘制。③ 前片衣身纸样绘制。④ 袖子纸样绘制。⑤ 领子纸样绘制。

2. 公主线女西装的工业纸样设计（见图 6-0-2）

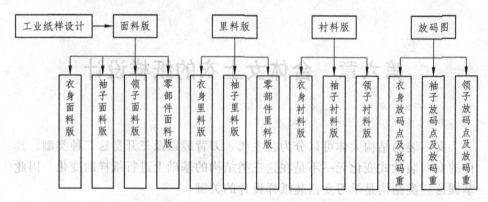

图 6-0-2　公主线女西装工业纸样设计

公主线女西装工业纸样微课程设计需要准备 6 个微课视频：① 衣身面料版。② 袖子、领子及零部件面料版。③ 衣身、袖子及零部件里料版。④ 衣身、袖子及领子衬料版。⑤ 衣身放码点及放码量。⑥ 袖子及领子放码点及放码量。

第一节　服装纸样样板的整体检验

一、纸样样板的初步检验修正

1. 检验尺寸

（1）样板尺寸：要考虑面料性能和工艺量，如面料的缩率、弹性以及斜丝渗长率等。在工艺上由于缝制完成后胸围会缩小，因此在制版时腰围可以打小一点，胸围可以打大一点。

（2）成品尺寸：将纸样中的胸围线、腰围线和臀围线并排成一线，检查纸样的胸围是否与规格尺寸一致（见图 6-1-1 至图 6-1-3）。

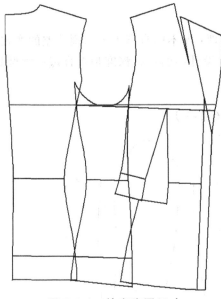

图 6-1-1　检查胸围尺寸

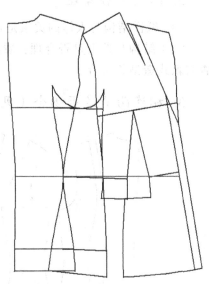

图 6-1-2　检查腰围尺寸

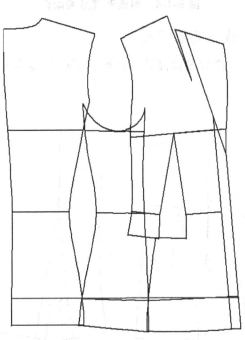

图 6-1-3　检查臀围尺寸

2. 结构是否合理

（1）纸样结构与人体的关系是否合理：如不同身高人体的腰节差的变化。

（2）结构与造型是否合理：看纸样设计中的袖窿深度是否合理；领型是否与款式造型相符合。

3. 相连两缝是否吻合（见图6-1-4）

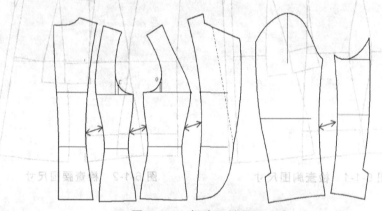

图6-1-4 相连两缝是否吻合

4. 相拼部位线条是否圆顺

看前后肩缝、领圈以及袖窿是否圆顺，下摆拼接后线条是否顺畅（见图6-1-5）

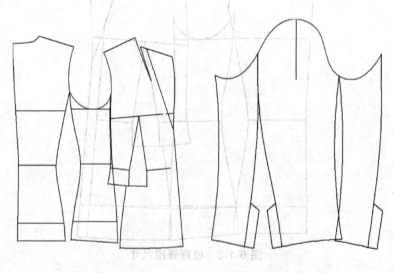

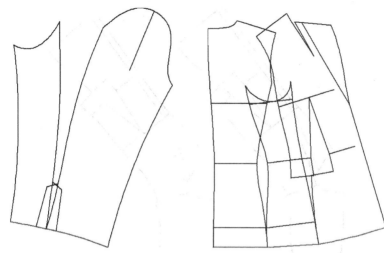

图 6-1-5 相拼部位线条是否圆顺

5. 缝合部位吻合是否到位

检查袖子与袖窿是否匹配，吃势设计是否合理（见图 6-1-6）。

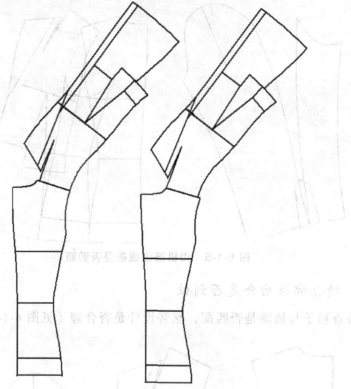

图 6-1-6　缝合部位是否到位

6. 样板数量是否完整

所有标识是否清晰俱全：刀眼、吃势、款式名、号型、部位名称、扣位以及压明线位置宽度等明确表示。

二、纸样样板检验步骤

1. 后衣片检验步骤

（1）先将纸样中后衣片的肩缝剪开，接着剪开侧缝和后背中缝。

（2）将剪下的后衣片纸样与未剪开的前衣片纸样核对肩缝长短，将前后肩缝吃势保持在 0.5～0.7 cm，看袖窿弧线是否顺畅；再将颈肩点对上看前后领圈是否圆顺，不顺就修顺；再剪开后领圈和袖窿。

（3）将前后衣片侧缝、下摆拼起来看线条是否流畅，如果不够流畅就修剪下摆。

（4）将后衣片反过来，摞在前衣片侧缝上，看前后侧缝长短是否相等，因为前后衣片侧缝相拼其缝线需要相互吻合。

（5）如果是刀背缝女西装需要先剪后衣片的大片，因为大片是造型线；再将大片下摆与小片下摆对齐，分割线重合并对上腰节，腰节线上 4 cm 至下摆要大小片完全吻合，接着剪开小片。

（6）打后衣片的大小片刀眼，注意所有刀眼与毛样板的边缘线垂直。

2. 前衣片检验步骤

（1）因为后衣片已经检验过版型了，可以将前衣片直接剪开，不需要顺序。但是驳头暂且不剪开，因为乳沟省要做收省后再修正版型。

（2）领子与前衣片的衣身有重叠量，留衣身的量，挖领子以保全衣身。

（3）剪开乳沟省，剪开衣片刀背缝，收掉乳沟省省量将造成驳口止口线不顺畅，将驳口止口线重新修顺剪掉。

（4）把前中片翻过来，下摆对上，腰节线上去 2 cm 到下摆与前小片完全吻合，剪前小片，合并胸省并修顺弧线。

3. 袖子检验步骤

（1）先剪大袖袖口，再剪大袖前袖弯缝线，接着剪后袖弯缝线，剪袖叉。

（2）要么采用将大袖描线下来，要么采用滚线器将小袖描下来的方法，暂且不剪袖山弧线。

（3）小袖正反面均有针孔，在小袖正反面将袖窿弧线画下来，与大袖相连看整体弧线流畅与否，然后调整弧线，将前后弧线修顺。

（4）将前衣片衣身上的 o 点的刀眼与袖子的刀眼对上，看弧线是否吻合。将小袖插在下面，再看吻合与否，随之进行调节。将后衣片小片合并，一共四片审视其吻合程度，修正相关弧线，最终以前后衣身剪下来的为基准修正袖片弧线。

（5）剪掉小片袖山弧线，打刀眼。

（6）剪大袖袖山弧线，打刀眼。

4. 领子检验步骤

先检查领面，再检查领里与领圈弧线是否吻合。

三、缝量构成

0 cm 的净样缝。

0.5 ~ 0.6 cm 的窄缝包缝：针织衫五线包缝只需要 0.5 ~ 0.6 cm 的缝头，多的也会切掉。

0.7 ~ 0.8 cm 曲线缝：多放在有弯曲的部位，如袖窿、领圈、袖山和领底。

1 ~ 1.2 cm 的直线缝：这是最常见的缝份量，如门襟、肩缝、分割弧线以及袖弯缝线等。

1.5 ~ 2 cm 的加固缝：一般放在受力的部位，如背中缝线、裤后中缝以及侧缝等。

3 ~ 4 cm 的贴边缝：一般放在下摆、袖口以及脚口贴边等。

四、缝份形态（见图 6-1-7）

方头缝：适合有夹里的放缝。
尖头缝：适合无夹里的放缝。
镜像缝：用于折边修正。

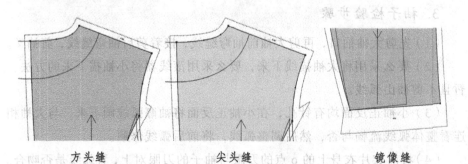

方头缝　　　　　　尖头缝　　　　　　镜像缝

图 6-1-7 缝份形态

五、挂面与里布

1. 领面与领里的处理

采用领面与领里分割变形处理。分割的目的是通过分割缩短驳口线，使领型倾倒服帖。首先是领座 a 与翻领宽 b 在宽度上互借，主要是为了分割线避开驳口线（见图 6-1-8）。

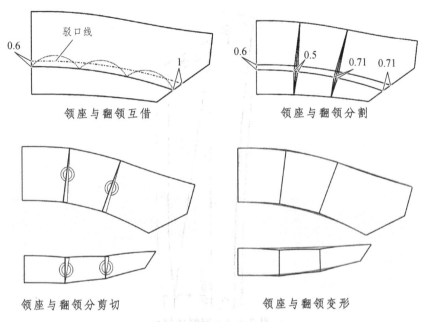

领座与翻领互借　　　　　　　　领座与翻领分割

领座与翻领分剪切　　　　　　　　领座与翻领变形

图 6-1-8　领面与领里处理

2. 面料放缝头

面料除了下摆放缝份 4 cm，挂面由于驳领翻折的厚度，在驳口线处放 0.3 cm 翻折量，其余部分均放 1 cm 缝份（见图 6-1-9）。

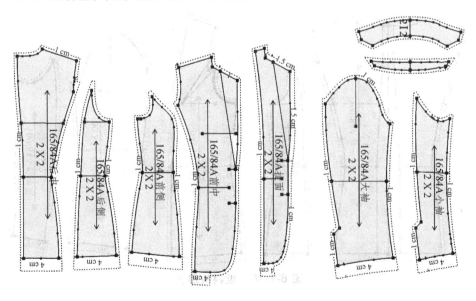

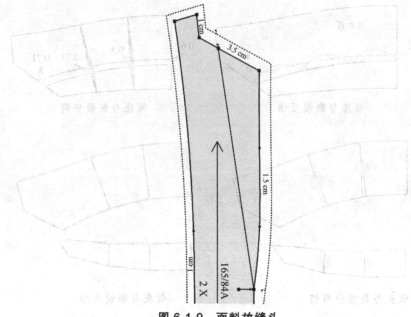

图 6-1-9　面料放缝头

3. 里料放缝头

里料的下摆放缝份 2 cm，在后背中心线放 1.5 ~ 2 cm 折线量，在衣身袖 窿和袖山处可以多放一些余量，可以在 0.5 ~ 2.5 cm 左右（见图 6-1-10）。

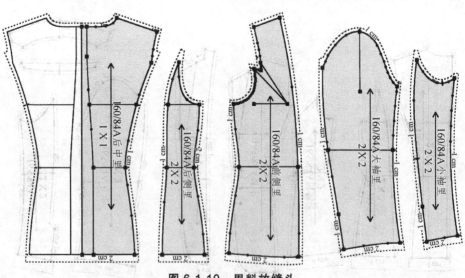

图 6-1-10　里料放缝头

第二节 公主线四开身斜方角女西装纸样设计

1. 公主线四开身斜方角女西装款式特点

衣身为合体型类型，在公主线结构线上前后设置分割线，为典型的四开身结构；袖子为贴体两片袖，有袖叉；领子为戗驳领并进行翻领及底领的分割变形，使其更加贴紧脖子；一粒扣斜翻盖袋口。

2. 公主线四开身斜方角女西装款式图（见图 6-2-1）

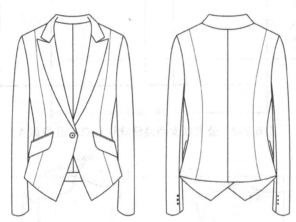

图 6-2-1 公主线四开身斜方角女西装款式图

3. 公主线四开身斜方角女西装规格尺寸设计（见表 6-2，图 6-2-2～图 6-2-17）

表 6-2

规格尺寸	155/76A	160/80A	165/84A	170/88A	175/92A	档差
胸围	84	88	92	96	100	4
腰围	66	70	74	78	82	4
臀围	88	92	96	100	104	4
肩宽	37	38	39	40	41	1
衣长	62	64	66	68	70	2
袖长	55	56.5	58	59.5	61	1.5
袖口	11.5	12	12.5	13	13.5	0.5

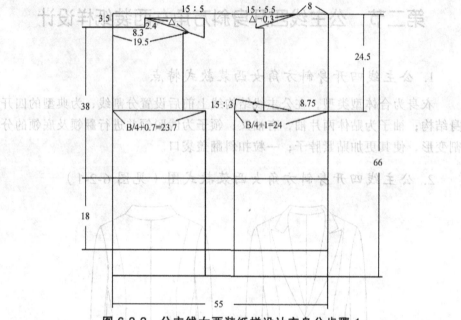

图 6-2-2　公主线女西装纸样设计衣身分步骤 1

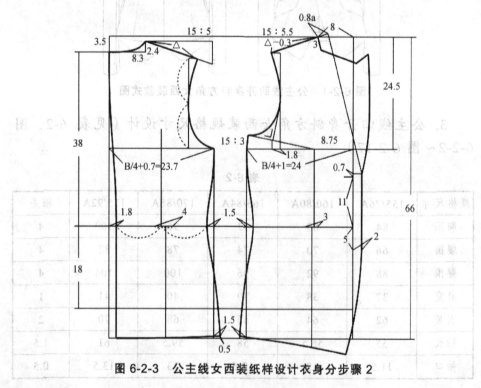

图 6-2-3　公主线女西装纸样设计衣身分步骤 2

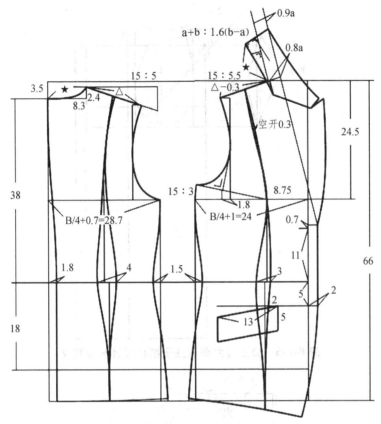

图 6-2-3　公主线女西装纸样设计衣身分步骤 3

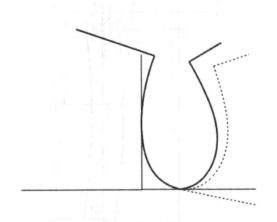

图 6-2-4　公主线女西装袖子纸样设计分步骤 1

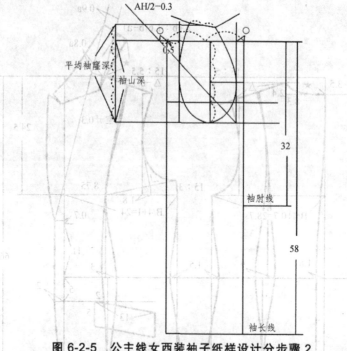

图 6-2-5　公主线女西装袖子纸样设计分步骤 2

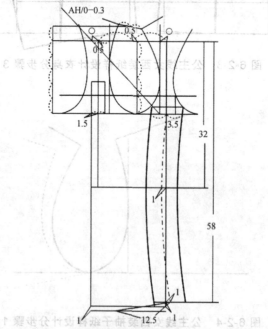

图 6-2-6　公主线女西装袖子纸样设计分步骤 3

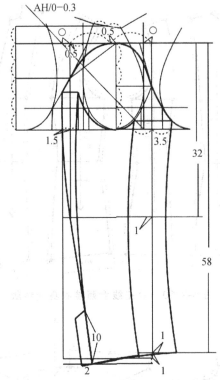

图 6-2-7　公主线女西装袖子纸样设计分步骤 4

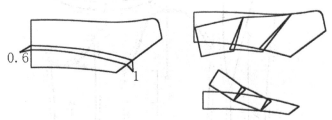

图 6-2-8　公主线女西装领子纸样设计分步骤 1

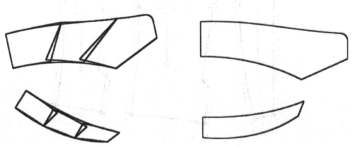

图 6-2-9　公主线女西装领子纸样设计分步骤 2

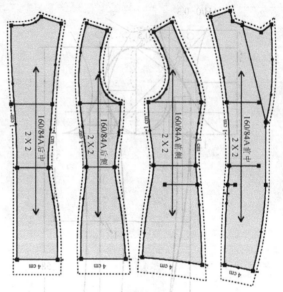

图 6-2-10 公主线女西装衣身面料版

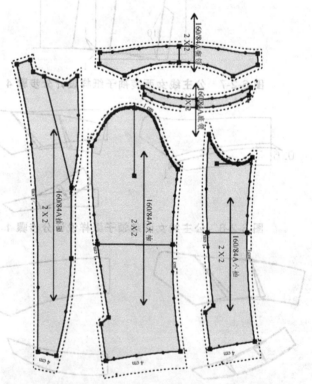

图 6-2-11 公主线女西装袖子、领子面料版

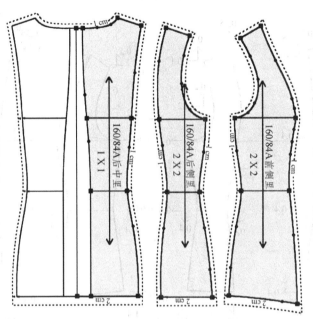

图 6-2-12 公主线女西装衣身里料版

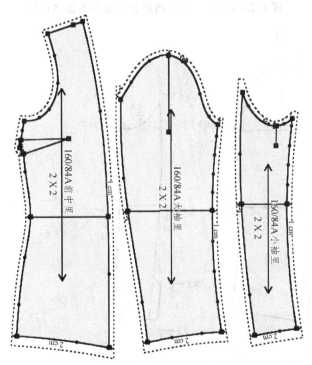

图 6-2-13 公主线女西装衣身、袖子里料版

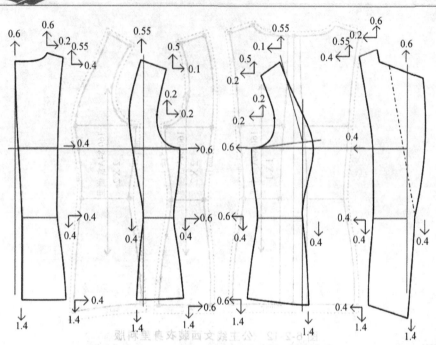

图 6-2-14 公主线女西装衣身放码点及放码量

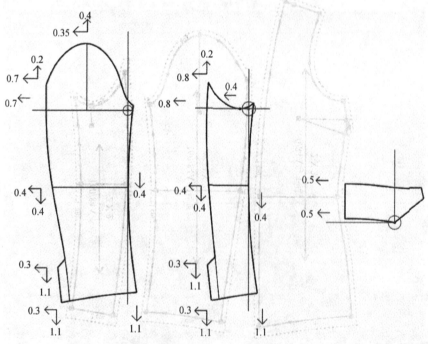

图 6-2-15 公主线女西装袖子、领子放码点及放码量

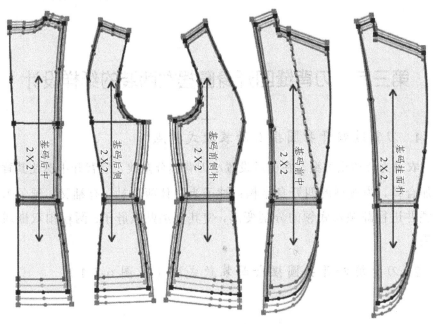

图 6-2-16　公主线女西装放码图 1

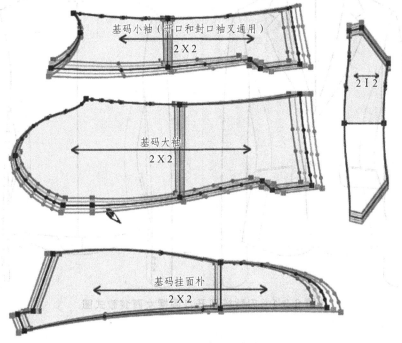

图 6-2-17　公主线女西装放码图 2

第三节　刀背缝四开身圆摆女西装的纸样设计

1. 刀背缝四开身圆摆女西装款式特点

衣身为合体型类型，在前后设置小刀背缝分割线，后背开中缝使其背部更加合体，为典型的四开身结构；袖子为贴体两片袖，有袖叉；领子为平驳领并进行翻领及底领的分割变形，使其更加贴紧脖子；两粒扣双嵌线翻盖袋。

2. 刀背缝四开身圆摆女西装款式图（见图 6-3-1）

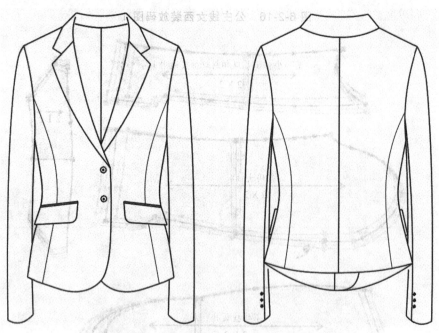

图 6-3-1　刀背缝四开身圆摆女西装款式图

3. 刀背缝四开身圆摆女西装规格尺寸设计（见表 6-3，图 6-3-2 至图 6-3-13）

表 6-3

规格尺寸	155/76A	160/80A	165/84A	170/88A	175/92A	档差
胸围	84	88	92	96	100	4
腰围	66	70	74	78	82	4
臀围	88	92	96	100	104	4
肩宽	37	38	39	40	41	1
衣长	62	64	66	68	70	2
袖长	55	56.5	58	59.5	61	1.5
袖口	11.5	12	12.5	13	13.5	0.5

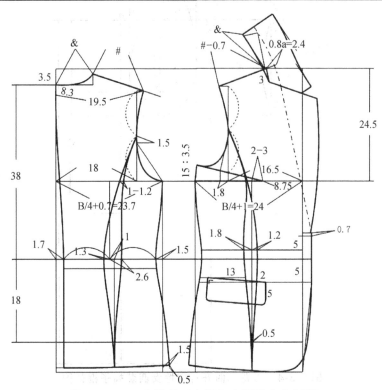

图 6-3-2　刀背缝四开身圆角女西装衣身纸样

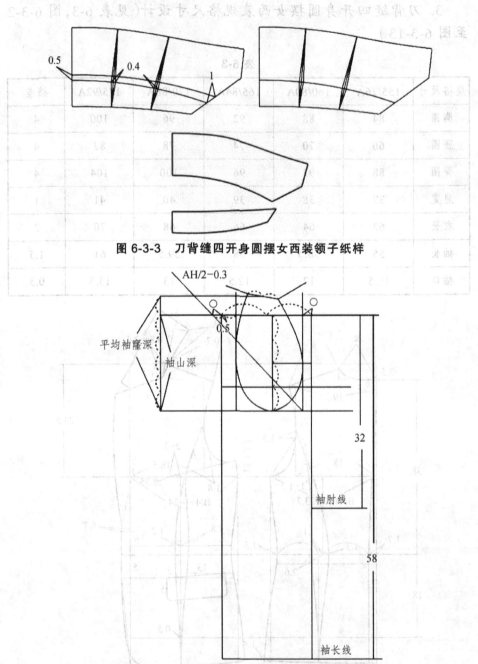

图 6-3-3　刀背缝四开身圆摆女西装领子纸样

图 6-3-4　刀背缝四开身圆摆女西装袖子框架图

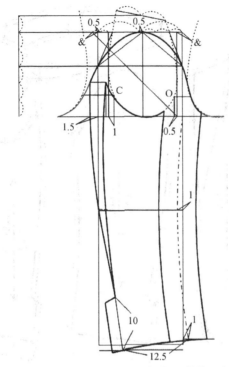

图 6-3-5　刀背缝四开身圆角女西装袖子纸样

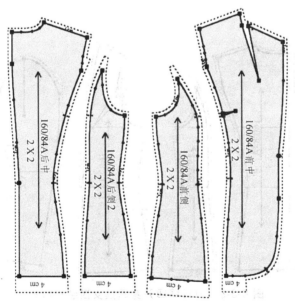

图 6-3-6　刀背缝四开身圆摆女西装衣身面料版

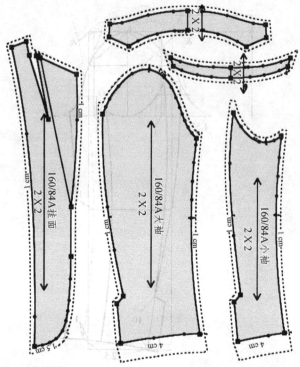

图 6-3-7　刀背缝四开身圆摆女西装袖子面料版

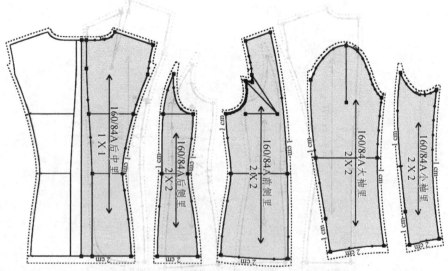

图 6-3-8　刀背缝四开身圆摆女西装里料版

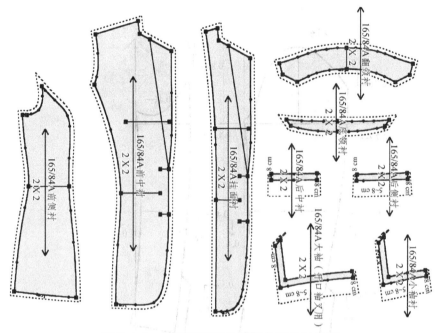

图 6-3-9 刀背缝四开身圆摆女西装衬料版

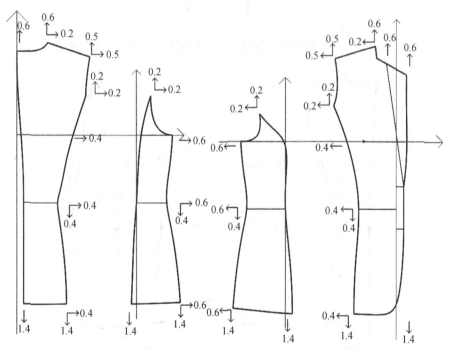

图 6-3-10 刀背缝四开身圆摆女西装衣身放码点及放码量分配

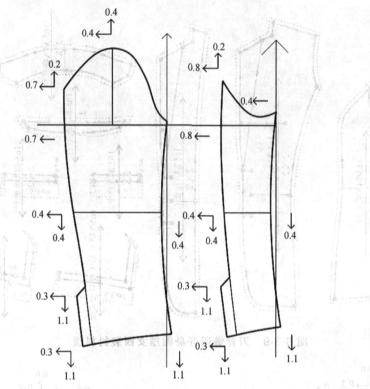

图 6-3-11　刀背缝四开身圆摆女西装袖子放码点及放码量分配

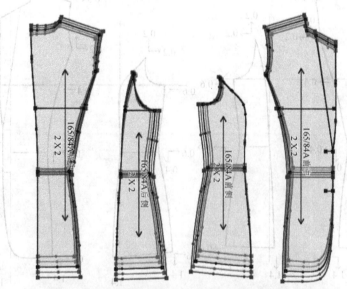

图 6-3-12　刀背缝四开身圆摆女西装衣身放码图

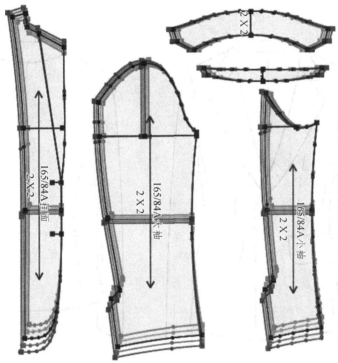

图 6-3-13　刀背缝四开身圆摆女西装袖子及领子放码图

第四节　三开身直方角女西装的纸样设计

1. 三开身直方角女西装款式特点

衣身为合体型类型，在后背中线上设置分割线使其更加贴体，为典型的三开身结构；前衣身纸样比公主线和刀背缝女西装难度要高一些，主要是要转移胸省和乳沟省，所以会在前衣身纸样上进行分步骤示范胸省转移及乳沟省的转移；袖子为贴体两片袖，有袖叉；领子为翻驳领并进行翻领及底领的分割变形，使其更加贴紧脖子；两粒扣直方角前摆。

2. 三开身直方角女西装款式（见图 6-4-1）

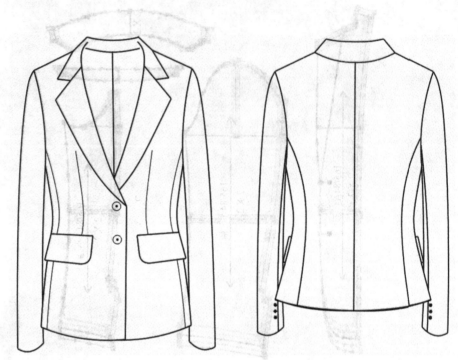

图 6-4-1　三开身直方角女西装款式图

3. 三开身直方角女西装规格尺寸设计（见表 6-4，图 6-4-2 至 6-4-17）

表 6-4

规格尺寸	155/76A	160/80A	165/84A	170/88A	175/92A	档差
胸围	84	88	92	96	100	4
腰围	66	70	74	78	82	4
臀围	88	92	96	100	104	4
肩宽	37	38	39	40	41	1
衣长	62	64	66	68	70	2
袖长	55	56.5	58	59.5	61	1.5
袖口	11.5	12	12.5	13	13.5	0.5

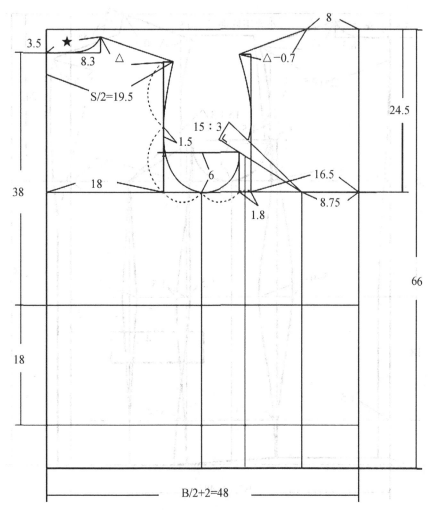

图 6-4-2 三开身直方角女西装衣身纸样设计分步骤 1

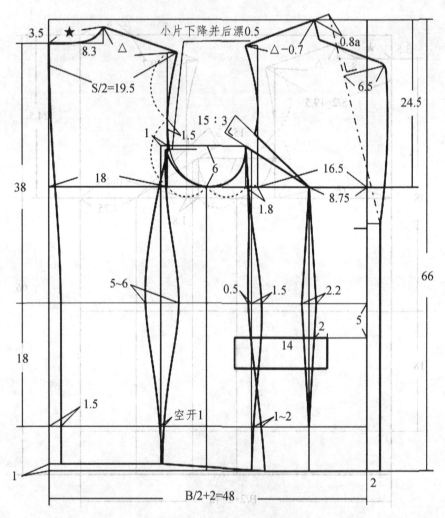

图 6-4-3　三开身直方角女西装衣身纸样设计分步骤 2

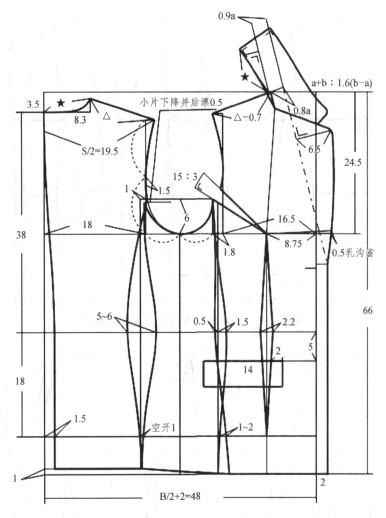

图 6-4-4 三开身直方角女西装衣身纸样设计分步骤 3

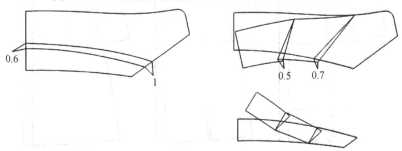

图 6-4-5 三开身直方角女西装领子分割

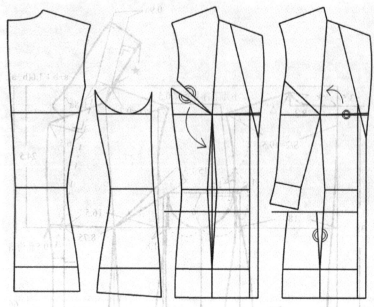

图 6-4-6　三开身直方角女西装胸省转移

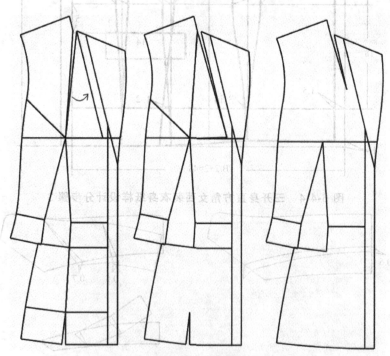

图 6-4-7　三开身直方角女西装乳沟省及腰省转移

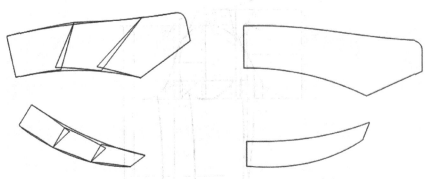

图 6-4-8　三开身直方角女西装翻领及底领的变形

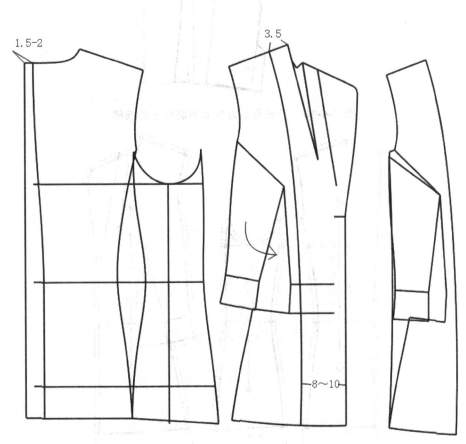

图 6-4-9　三开身直方角女西装里料版及挂面的纸样

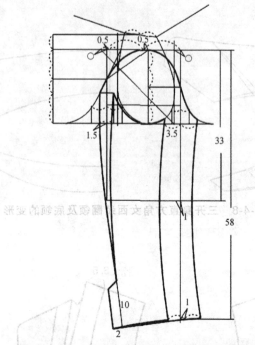

图 6-4-10　三开身直方角女西装袖子的纸样

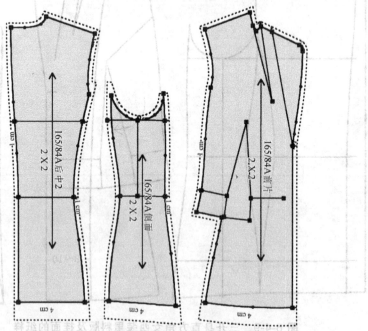

图 6-4-11　三开身直方角女西装衣身面料版

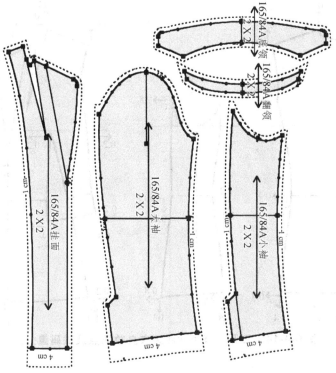

图 6-4-12　三开身直方角女西装袖子、领子及挂面面料版

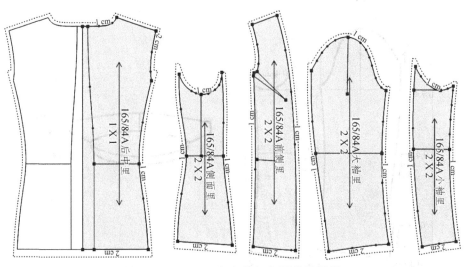

图 6-4-13　三开身直方角女西装里料版

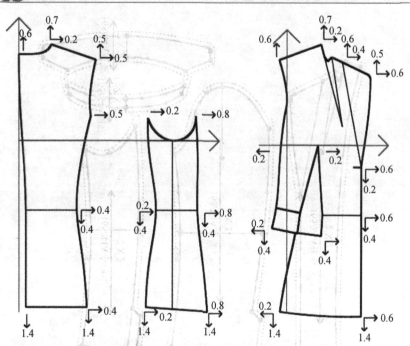

图 6-4-14　三开身直角女西装衣身放码点及放码量分配

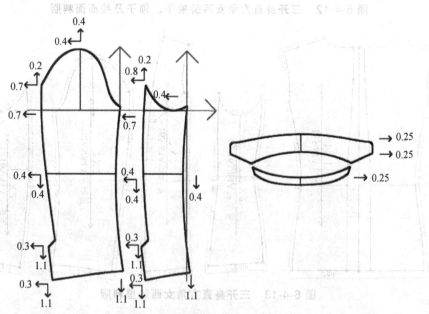

图 6-4-15　三开身直角女西装袖子放码点及放码量分配

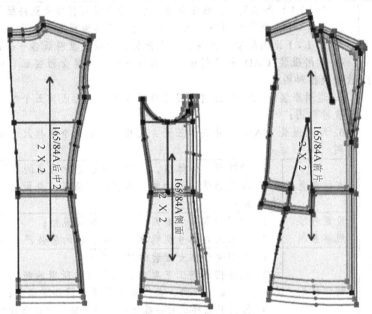

图 6-4-16　三开身直角女西装衣身放码图

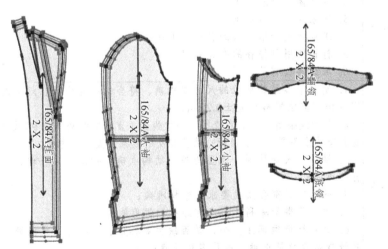

图 6-4-17　三开身直角女西装领子及袖子、挂面放码图

合体女西装项目任务书

任务要求	1. 以 1：1 比例绘制公主线四开身斜方角女西装面料版及里料版各一套； 2. 以 1：1 比例绘制刀背缝四开身圆角女西装面料版及里料版各一套； 3. 以 1：1 比例绘制三开身直角女西装面料版及里料版各一套； 4. 运用服装 CAD 软件制作公主线四开身斜方角女西装五个规格尺寸放码及排料图； 5. 运用服装 CAD 软件制作刀背缝四开身圆角女西装五个规格尺寸放码及排料图； 6. 运用服装 CAD 软件制作三开身直角女西装五个规格尺寸放码及排料图
技能要求	**人体测量** 1. 能按照人体体型，准确测量合体女西装的规格； 2. 能对特殊体型的特殊部位进行测量，并做出明确的标注和图示
	设置号型规格系列 1. 能编制服装主要部位规格及配属规格； 2. 能依据人体号型标准，编制合理的服装产品规格系列
	制作样板 1. 能制定合体女西装的基础样板； 2. 能根据缝制工艺要求，对样板中所需的缝份、归势、拔量、雍量、纱向、条格及预缩量进行合理调整； 3. 能按基础样板对特殊体型的特殊部位进行合理的调整； 4. 能按照生产需要打制工艺操作样板
	样板缩放 能依据服装产品规格系列对服装全套样板进行合理缩放
相关知识	1. 人体体型的基本类型； 2. 人体体型与服装纸样的关系； 3. 国家人体号型标准； 4. 工业化生产用样板的种类与用途； 5. 样板使用与保存的有关知识； 6. 服装制板有关知识
任务标准	1. 制版中各结构部位的尺寸要准确，符合制版规格，在规定的公差范围内控制部位规格允差 ±0.2 cm； 2. 制图线条清晰，顺直流畅。图中线条垂直相交的必须呈 90 度直角；曲直相交的线条要吻合、流畅；曲曲相交的线条要圆顺、吻合、不出"茬口"； 3. 袖子与衣身协调，造型美观，结构准确，袖山吃势合理，各对位点标注准确； 4. 领子造型符合款式要求，结构准确； 5. 裁片剪得干净利落，没有漏剪和错剪的情况； 6. 每片样板须标注齐全，是否缺主要标记、次要标注或漏缺标注。成衣纸样裁片数量正确，裁片名称准确； 7. 服装样板各部位放量准确、合理，经纬纱方向标识正确，曲线顺畅，标注齐全

思维拓展

根据下列款式图进行合体女西装的纸样变化设计，注意观察衣身、领型及袖型的变化。

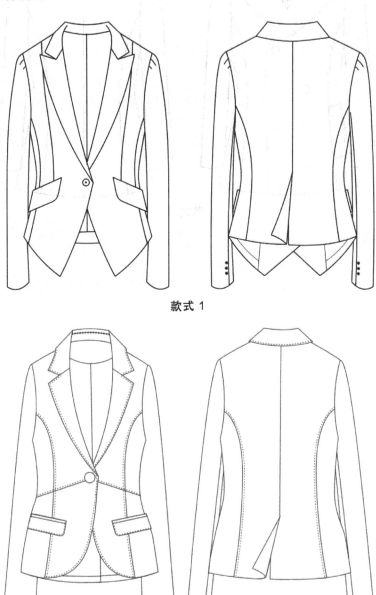

款式 1

款式 2

款式 3

第七章 紧身女上衣的纸样设计

　　紧身女上衣主要是指比合体女上衣的胸围更加紧贴人体的服装款式，紧身女上衣的款式变化较多，其纸样设计有时需要辅助立体裁剪以获得最佳效果。一般合体女上衣的纸样设计课程教学着重基础性的讲解，需要掌握女上衣的面料版、里料版及衬料版的绘制方法，还需要掌握女上衣工业纸样中的放码、排料及输出纸样等技术性环节，而紧身女上衣的纸样设计课程教学则是着重款式变化与立体造型。

　　紧身女上衣的纸样微课程设计与合体女上衣的纸样微课程设计方法一样，只是省略了工业纸样设计这一环节。其纸样微课设计任务分解步骤见图7-0-1。

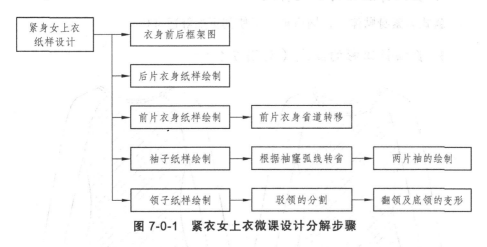

图 7-0-1 紧衣女上衣微课设计分解步骤

　　也就是说就紧身女上衣的纸样微课设计必须准备4个微课视频：① 后片衣身纸样绘制。② 前片衣身纸样绘制。③ 袖子纸样绘制。④ 领子纸样绘制和生成全套毛样板。

第一节　长袖针织衫纸样设计

1. 针织类面料的纸样特点和注意事项

针织类面料特点是面料柔软且弹性很好，针织面料可分为无弹、中弹、高弹及超薄类型。针织衫与梭织类服装制版有所不同，针织类纸样设计要点：

（1）尺寸控制：由于针织面料弹性较大，一般 M 码尺寸合体类服装胸围做成 78 ~ 84 cm 即可，且前后胸围和下摆打成同样大，前后肩斜同样斜。

（2）针织类服装的纸样利用面料的特点，制版时线条要平直，与梭织类服装相比袖窿及袖山弧线弯度变直，降低袖山高，减少袖肥。

（3）衣身尽量不收省，采用直接增大侧缝吸腰量处理胸腰差。

2. 长袖针织衫的款式特点

款式为紧身贴体型，插肩袖造型使其更加舒适合体。

3. 长袖针织衫的款式（见图 7-1-1）

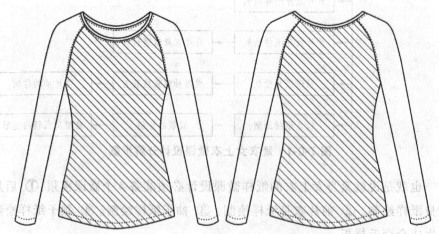

图 7-1-1　长袖针织衫款式图

4. 长袖针织衫的规格尺寸设计（见表7-1,图7-1-2至图7-1-5）

表7-1

规格尺寸	胸围	衣长	肩宽	袖长	袖口
165/84A	80	52	34	58	9

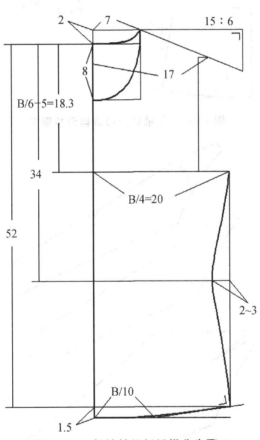

图 7-1-2 长袖针织衫纸样分步骤 1

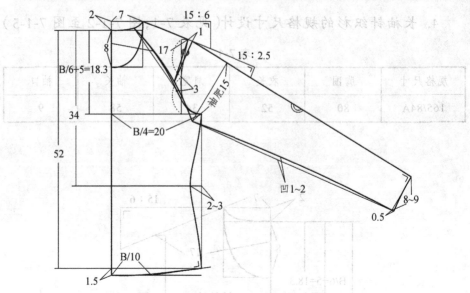

图 7-1-3 长袖针织衫纸样分步骤 2

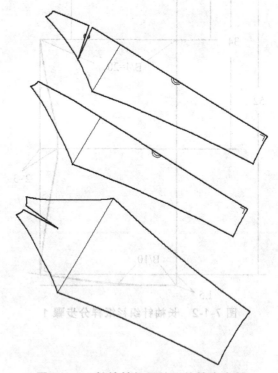

图 7-1-4 长袖针织衫袖子的转省合并

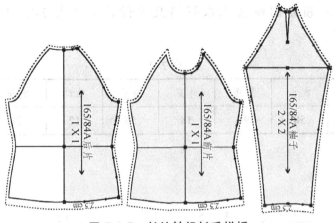

图 7-1-5 长袖针织衫毛样板

第二节 青果领分割线女上衣纸样设计

1. 青果领分割线女上衣的款式特点

衣身为三粒扣圆摆，衣身前后均为刀背缝且刀背缝缝线底边止点为腰侧缝，后片中线分割，袖子为贴体两片袖，领为青果领。

2. 青果领分割线女上衣的款式图（见图 7-2-1）

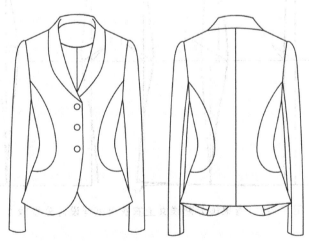

图 7-2-1 青果领分割线女上衣款式图

3. 青果领分割线女上衣规格尺寸设计（见表 7-2，图 7-2-2 至图 7-2-9）

表 7-2

规格尺寸	衣长	胸围	肩宽	袖长	袖口	底领	翻领
165/84A	58	90	38	58	12	3	4.5

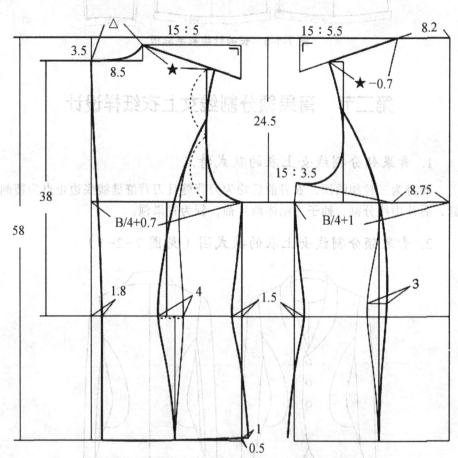

图 7-2-2　青果领分割线女上衣衣身纸样设计分步骤 1

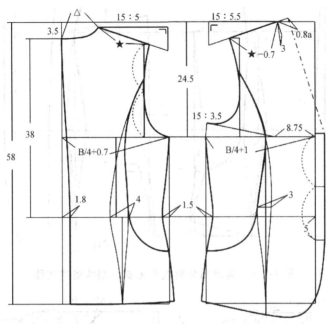

图 7-2-3　青果领分割线女上衣衣身纸样设计分步骤 2

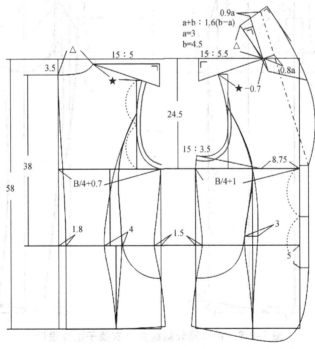

图 7-2-4　青果领分割线女上衣衣身纸样设计分步骤 3

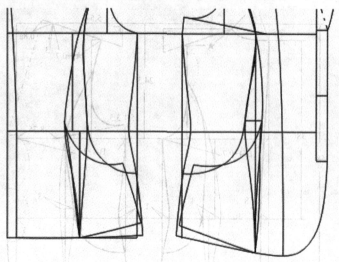

图 7-2-5　青果领分割线女上衣分割线省道转移

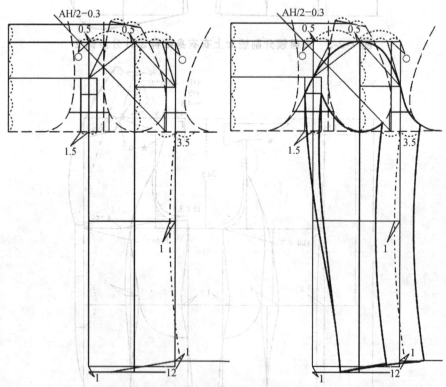

图 7-2-6　青果领分割线女上衣袖子纸样设计

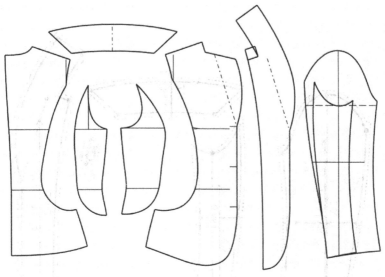

图 7-2-7　青果领分割线女上衣净样板

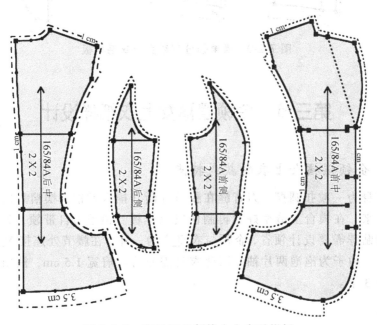

图 7-2-8　青果领分割线女上衣毛样板

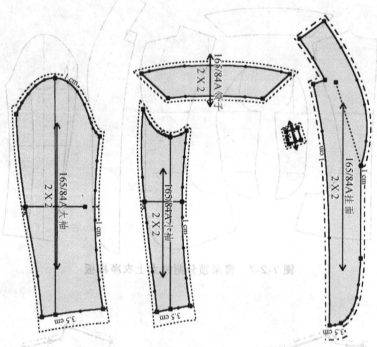

图 7-2-9　青果领分割线女上衣毛样板

第三节　企领摆褶女上衣纸样设计

1. 企领摆褶女上衣的款式特点

衣身为一粒扣圆摆，刀背缝在腰节处断开插入摆褶，摆褶采用立体裁剪做出来，在模台上造型好后再制作成毛样板。领子为自带领，为了使领子更加贴脖需要设计领省，企领与衣身合为一体，在腰节处连接 V 字领前片衣身。袖子为泡泡两片袖，因此衣身需要剪短肩宽 1.5 cm，袖山左右各做褶裥 3 个。

2. 企领摆褶女上衣的款式（见图 7-3-1）

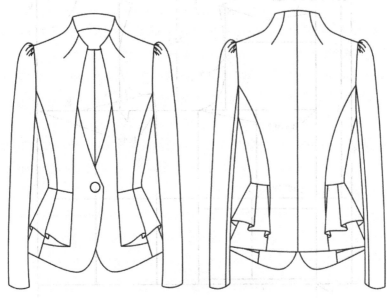

图 7-3-1 企领摆褶女上衣款式图

3. 企领摆褶女上衣的规格尺寸设计（见表 7-3，图 7-3-2 至图 7-3-10）

表 7-3

规格尺寸	衣长	胸围	肩宽	袖长	袖口	底领
165/84A	58	90	38	58	12	4

企领结构造型的难点：如何让领座连在衣身上并保持竖立状态。

企领常用的解决方法：① 归拔处理。② 收省设计。③ 分割处理。

图 7-3-2 企领常用解决方法

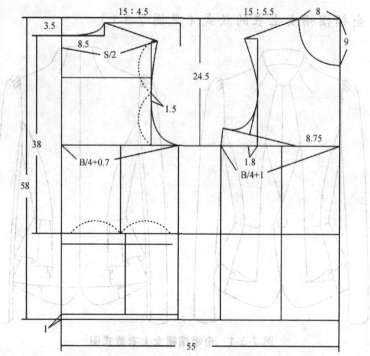

图 7-3-3　企领摆褶女上衣的衣身纸样设计分步骤 1

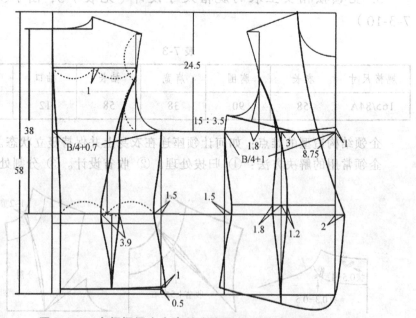

图 7-3-4　企领摆褶女上衣的衣身纸样设计分步骤 2

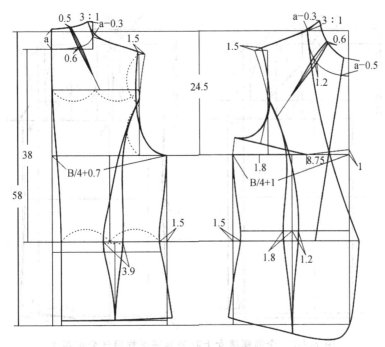

图 7-3-5 企领摆褶女上衣的衣身纸样设计分步骤 3

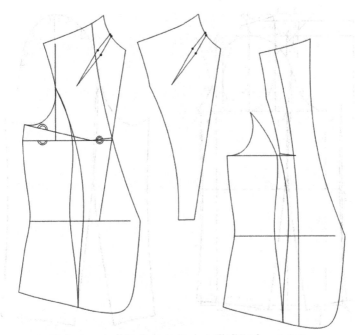

图 7-3-6 企领摆褶女上衣的省道转移及分割

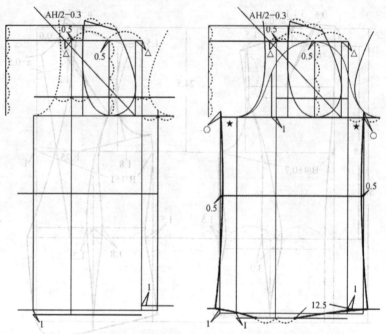

图 7-3-7　企领摆褶女上衣的袖子纸样设计分步骤 1

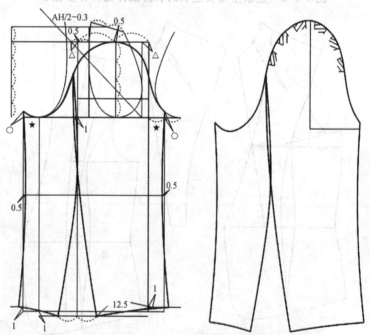

图 7-3-8　企领摆褶女上衣的袖子纸样设计分步骤 2

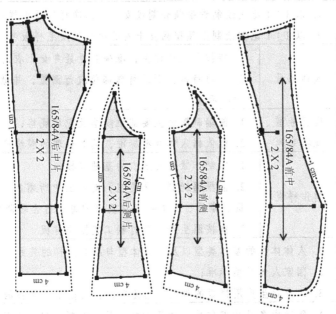

图 7-3-9 企领摆褶女上衣的毛样板 1

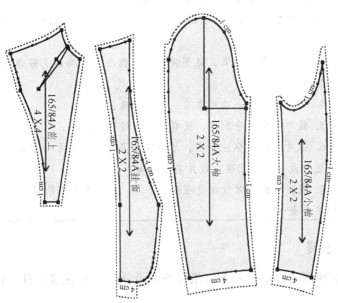

图 7-3-10 企领摆褶女上衣的毛样板 2

<h2 style="text-align:center">紧身女上衣的项目任务书</h2>

任务要求	1. 以 1∶1 比例绘制青果领分割线女上衣的净样板及毛样板各一套； 2. 以 1∶1 比例绘制企领摆褶女上衣的净样板及毛样板各一套	
技能要求	人体测量	1. 能按照人体体型，准确测量紧身女上衣的规格； 2. 能对特殊体型的特殊部位进行测量，并做出明确的标注和图示
	设置号型 规格系列	1. 能编制服装主要部位规格及配属规格； 2. 能依据人体号型标准，编制合理的服装产品规格系列
	制作样板	1. 能制作紧身女上衣的基础样板； 2. 能根据缝制工艺要求，对样板中所需的缝份、归势、拔量、雍量、纱向、条格及预缩量进行合理调整； 3. 能按照生产需要打制工艺操作样板
相关知识	1. 人体体型的基本类型以及人体体型与服装纸样的关系； 2. 国家人体号型标准； 3. 工业化生产用样板的种类与用途以及样板使用与保存的有关知识	
任务标准	1. 制版中各结构部位的尺寸要准确，符合制版规格，在规定的公差范围内控制部位规格允差 ±0.2 cm； 2. 制图线条清晰，顺直流畅。图中线条垂直相交的必须呈 90 度直角；曲直相交的线条要吻合、流畅；曲曲相交的线条要圆顺、吻合、不出"茬口"； 3. 袖子与衣身协调，造型美观，结构准确，袖山吃势合理，各对位点标注准确； 4. 领子造型符合款式要求，结构准确； 5. 裁片剪得干净利落，没有漏剪和错剪的情况； 6. 每片样板须标注齐全，是否缺主要标记、次要标注或漏缺标注。成衣纸样裁片数量正确，裁片名称准确； 7. 服装样板各部位放量准确、合理，经纬纱方向标识正确，曲线顺畅，标注齐全	

思维拓展

根据下列款式图进行女上衣纸样变化设计，注意观察衣身、领型及袖型的变化。

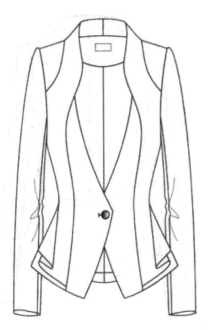
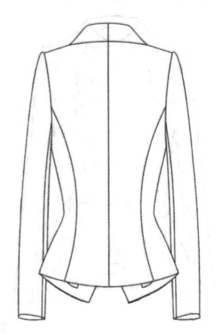

款式 1

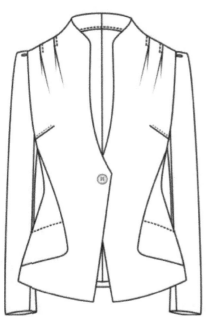
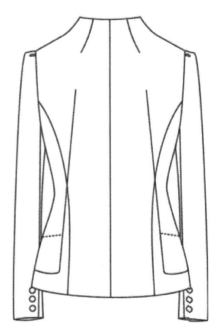

款式 2

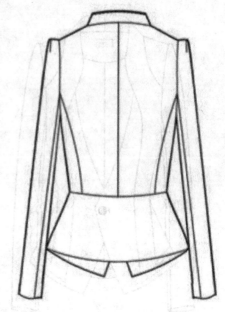

款式 3

第八章 女大衣的纸样设计

随着高科技的发展，服装面料变得更加轻薄保暖，特别是保暖内衣的广泛使用，冬天穿用的大衣的放松量已经跟合体女装的放松量相同，即使在冬天也能保证穿着的合体性，并不显臃肿。因此女大衣的纸样特点与合体西装类似，只是在衣长及款式上面有一些变化，女大衣的纸样教学重点应放在款式变化上。

女大衣微课程纸样设计的任务分解步骤（见图8-0-1）。

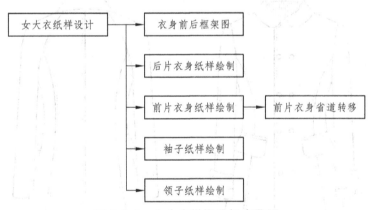

图 8-0-1 女大衣微课分解步骤图

女大衣的纸样微课设计必须准备5个微课视频：① 衣身前后框架图。② 后片衣身纸样绘制。③ 前片衣身纸样绘制。④ 袖子纸样绘制。⑤ 领子纸样绘制。

第一节　前圆后插女大衣的纸样设计

1. 前圆后插女大衣款式特点

圆角翻折领，双排扣，前片刀背缝分割，加袋盖的双嵌线袋口；后片中缝分割，侧面刀背缝；袖子前片为原装袖，后片为插肩袖，袖口有袖祥。

说明：前圆后插女大衣在服装纸样设计课程中是属于项目任务中的难点，一般放在课程的最后，主要是因为处理袖子的细节步骤较多，容易出错。在教学中除了要准备项目任务分步骤图解、操作任务分步骤示范微课视频和教学课件之外，还需要增加教学实践环节使学生更好地理解掌握。

2. 前圆后插女大衣款式（见图 8-1-1）

图 8-1-1　前圆后插女大衣款式图

3. 前圆后插女大衣规格尺寸设计（见表 8-1，图 8-1-2 至图 8-1-13）

表 8-1

规格尺寸	衣长	胸围	腰围	肩宽	领围	袖长	袖口	底领	翻领
165/84A	86	98	84	40	40	58	13	4	6

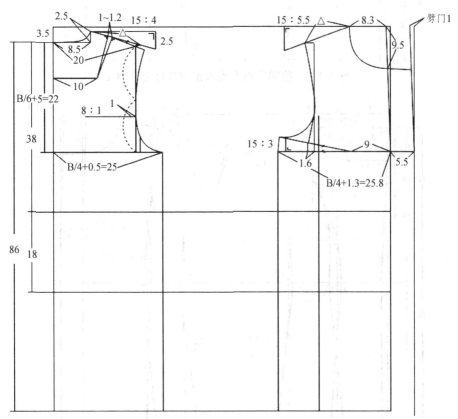

图 8-1-2 前圆后插女大衣纸样设计分步骤 1

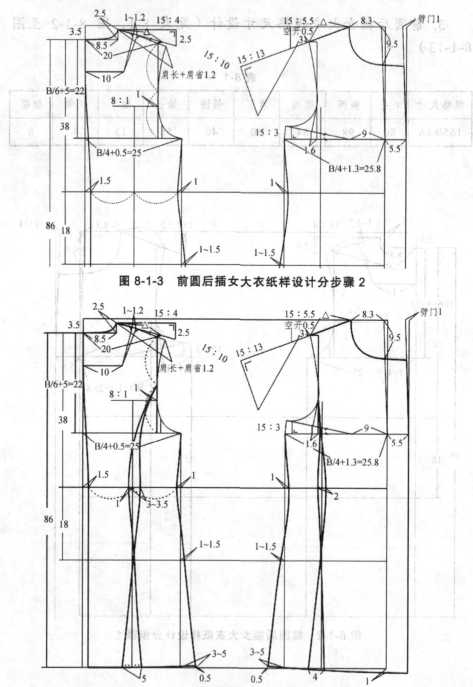

图 8-1-3　前圆后插女大衣纸样设计分步骤 2

图 8-1-4　前圆后插女大衣纸样设计分步骤 3

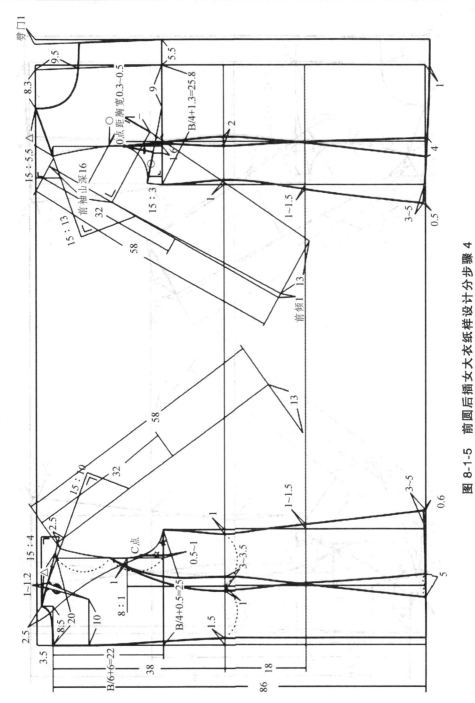

图 8-1-5　前圆后插女大衣纸样设计分步骤 4

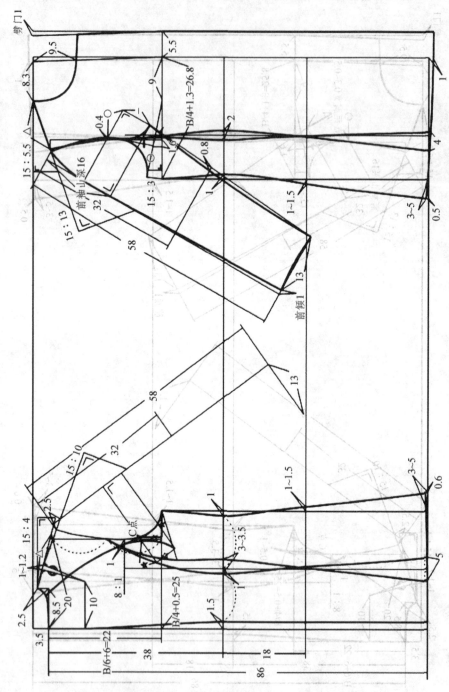

图 8-1-6　前圆后插女大衣纸样设计分步骤 5

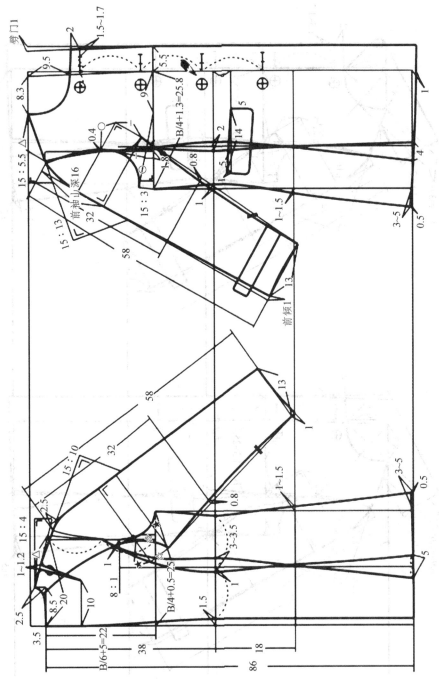

图 8-1-7 前圆后插女大衣纸样设计分步骤 6

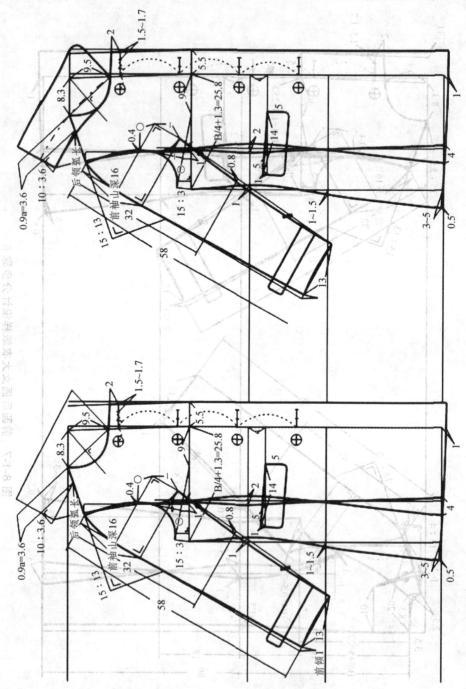

图 8-1-8　前圆后插女大衣纸样设计分步骤 7

图 8-1-9 前圆后插女大衣纸样设计分步骤 8

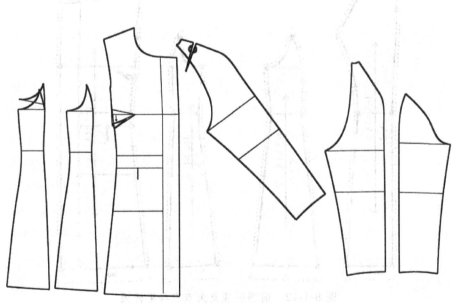

图 8-1-10 前圆后插女大衣纸样省道转移

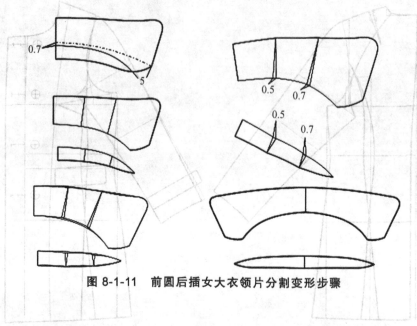

图 8-1-11　前圆后插女大衣领片分割变形步骤

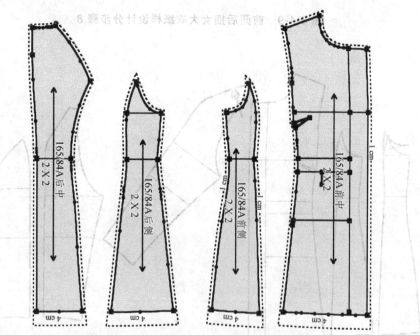

图 8-1-12　前圆后插女大衣衣身毛样板

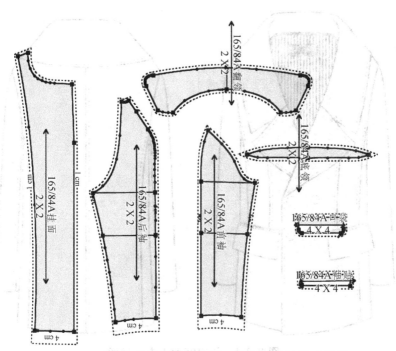

图 8-1-13　前圆后插女大衣袖子、领子及零部件毛样板

第二节　蟹钳领女大衣的纸样设计

1. 蟹钳领女大衣的款式特点

大披肩蟹钳领，串口较低，四粒双排暗扣，前片胸下收省至袋口处，口袋为双嵌线加袋盖，前侧刀背缝分割；为三开身结构，后片中心线分割；稍微有些落肩，匹配合体两片袖。

2. 蟹钳领女大衣款式（见图 8-2-1）

图 8-2-1　蟹钳领女大衣款式图

3. 蟹钳领女大衣规格尺寸设计（见表 8-2，图 8-2-2 至图 8-2-19）

表 8-2

规格尺寸	衣长	胸围	腰围	肩宽	领围	袖长	袖口	底领	翻领
165/84A	86	98	84	40	40	58	13	4	11

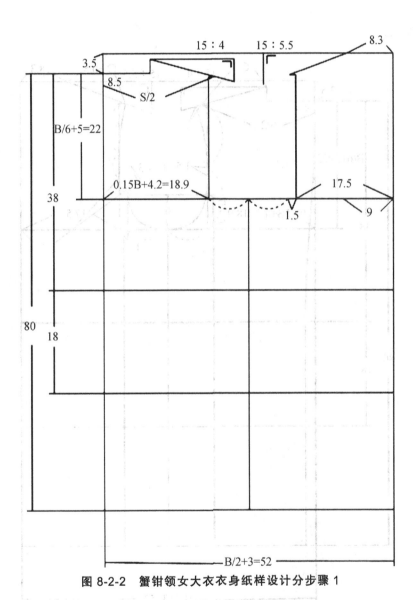

图 8-2-2　蟹钳领女大衣衣身纸样设计分步骤 1

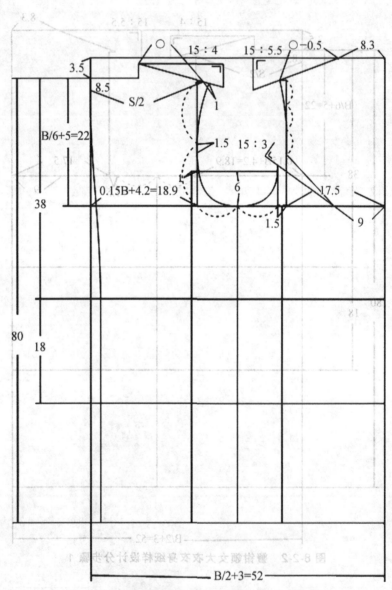

图 8-2-3　蟹钳领女大衣衣身纸样设计分步骤 2

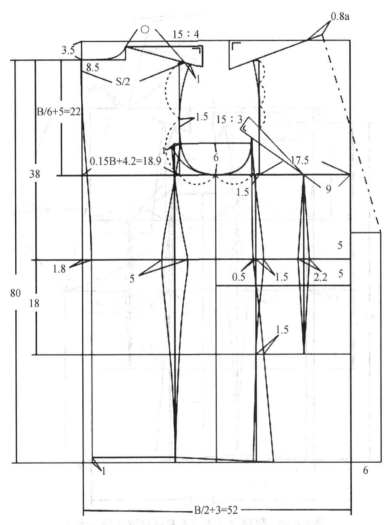

图 8-2-4　蟹钳领女大衣衣身纸样设计分步骤 3

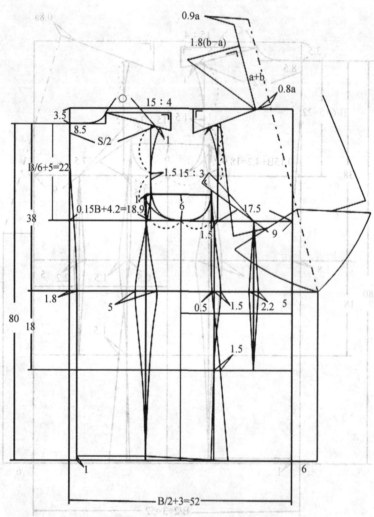

图 8-2-5　蟹钳领女大衣衣身纸样设计分步骤 4

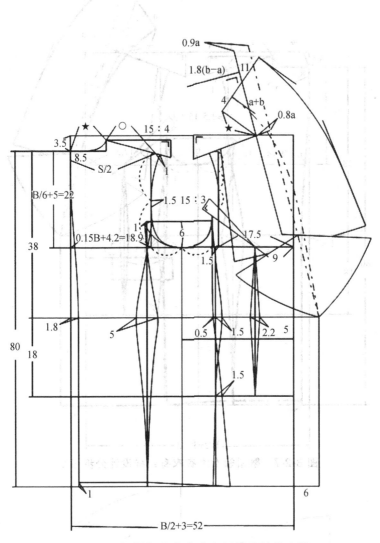

图 8-2-6　蟹钳领女大衣衣身纸样设计分步骤 5

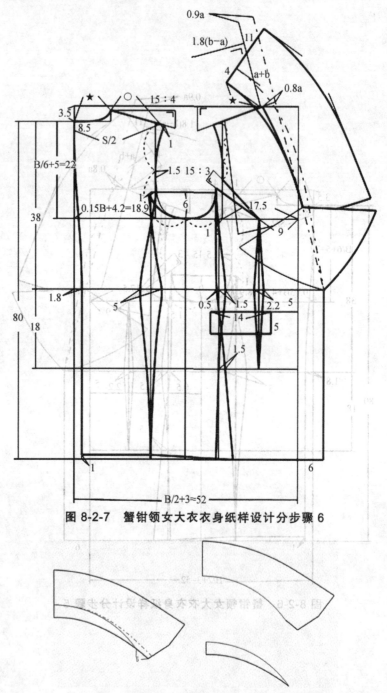

图 8-2-7　蟹钳领女大衣衣身纸样设计分步骤 6

图 8-2-8　蟹钳领女大衣领子纸样设计分步骤 1

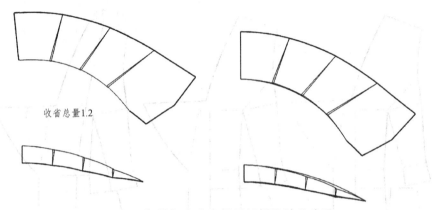

收省总量1.2

图 8-2-9   蟹钳领女大衣领子纸样设计分步骤 2

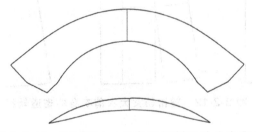

图 8-2-10   蟹钳领女大衣领子纸样设计分步骤 3

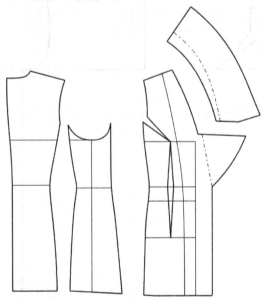

图 8-2-11   蟹钳领女大衣衣身与领子净样板

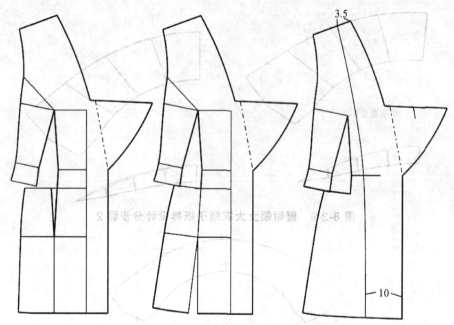

图 8-2-12　蟹钳领女大衣前衣身的省道转移

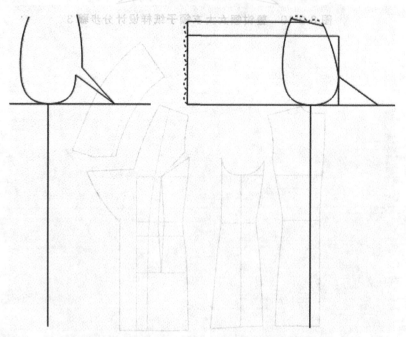

图 8-2-13　蟹钳领女大衣袖子的纸样设计分步骤 1

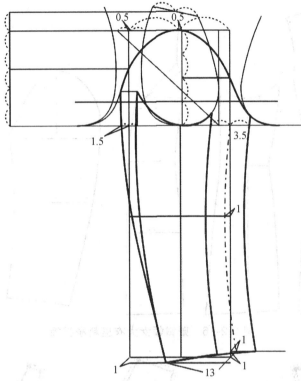

图 8-2-14　蟹钳领女大衣袖子的纸样设计分步骤 2

图 8-2-15　蟹钳领女大衣面料净样板

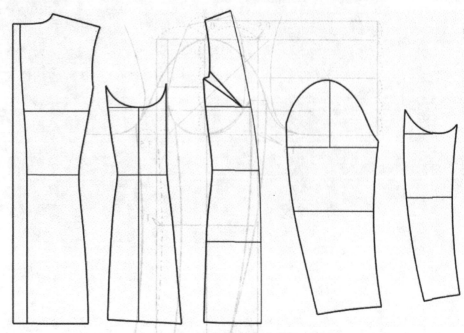

图 8-2-16　蟹钳领女大衣里料净样板

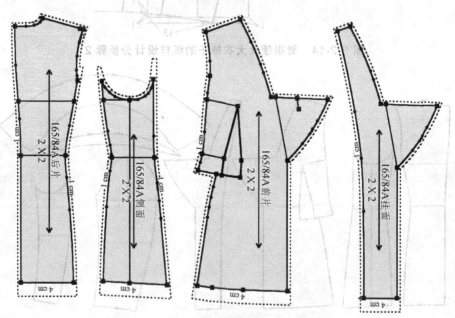

图 8-2-17　蟹钳领女大衣衣身面料版

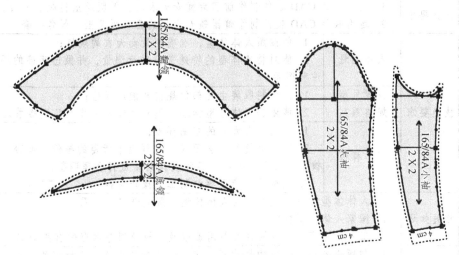

图 8-2-18　蟹钳领女大衣袖子、领子面料版

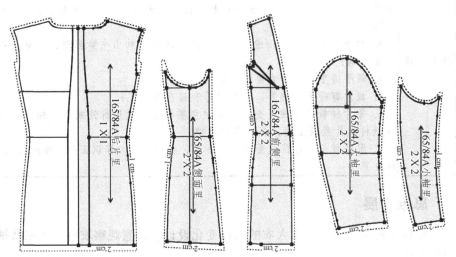

图 8-2-19　蟹钳领女大衣里料版

女大衣的项目任务书

任务要求		1. 运用服装 CAD 软件制作前圆后插女大衣的面料版及里料版各一套; 2. 运用服装 CAD 软件制作蟹钳领女大衣的面料版及里料版各一套
技能要求	人体测量	1. 能按照人体体型,准确测量女大衣的规格; 2. 能对特殊体型的特殊部位进行测量,并做出明确的标注和图示
	设置号型 规格系列	1. 能编制服装主要部位规格及配属规格; 2. 能依据人体号型标准,编制合理的服装产品规格系列
	制作样板	1. 能制作女大衣的基础样板; 2. 能根据缝制工艺要求,对样板中所需的缝份、归势、拔量、雍量、纱向、条格及预缩量进行合理调整; 3. 能按照生产需要打制工艺操作样板
相关知识		1. 人体体型的基本类型以及人体体型与服装纸样的关系 2. 国家人体号型标准 3. 工业化生产用样板的种类与用途以及样板使用与保存的有关知识
任务标准		1. 制版中各结构部位的尺寸要准确,符合制版规格,在规定的公差范围内,控制部位规格允差±0.2 cm; 2. 制图线条清晰,顺直流畅。图中线条垂直相交的必须呈 90 度直角;曲直相交的线条要吻合、流畅;曲曲相交的线条要圆顺、吻合、不出"茬口"; 3. 袖子与衣身协调,造型美观,结构准确,袖山吃势合理,各对位点标注准确; 4. 领子造型符合款式要求,结构准确; 5. 裁片剪得干净利落,没有漏剪和错剪的情况; 6. 每片样板须标注齐全,是否缺主要标记、次要标注或漏缺标注。成衣纸样裁片数量正确,裁片名称准确; 7. 服装样板各部位放量准确、合理,经纬纱方向标识正确,曲线顺畅,标注齐全

思维拓展

根据下列款式图进行女大衣的纸样变化设计,注意观察衣身、领型及袖型的变化。

款式 1

款式 2

参考文献

［1］ 刘万辉．微课开发制作技术[M]．北京：高等教育出版社，2015．

［2］ 刘瑞璞．服装纸样设计原理与应用[M]．北京：中国纺织出版社，2008．

［3］ 王海亮，周邦桢．服装制图与推板技术[M]．北京：纺织工业出版社，1992．

［4］ 海伦·约瑟夫·阿姆斯特朗．美国时装样板设计与制作教程[M]．北京：中国纺织出版社，2010．

［5］ 欧内斯廷·科博．美国经典服装制版与打板[M]．北京：中国纺织出版社，2003．

［6］ 小野喜代司．日本女式成衣制版原理[M]．北京：中国青年出版社，2012．

［7］ 中道友子．（PATTERN MAGIC）パターンマジック vol.2[M]．日本：文化出版局，2008．

［8］ 蒋锡根．服装结构设计[M]．上海：上海科学出版社，1996．

［9］ 闵悦，李淑敏．服装工业制版与推板技术[M]．北京：北京理工大学出版社，2010．

［10］三吉满智子．服装造型学理论篇[M]．北京：中国纺织出版社，2008．